# 森林防霾治污技术研究与应用

程立超◎著

中国纺织出版社有限公司

## 内 容 提 要

森林在净化空气方面发挥着重要作用。本书旨在系统探讨利用森林生态系统对大气中的颗粒物等污染物质进行净化的技术与方法，从大气污染与霾的成因出发，分析固体颗粒物的来源、特性及迁移规律等，分析森林生态系统的颗粒物过滤机制，探讨森林植物种类与防霾治污效果，浅析森林防霾治污技术的研究与开发，论述城市森林与绿化带在防霾治污中的应用及森林防霾治污项目的实践，最后总结森林防霾治污的效益。本书实用性较强，适合环保行业从业人员阅读。

**图书在版编目（CIP）数据**

森林防霾治污技术研究与应用 / 程立超著. --北京：中国纺织出版社有限公司，2025. 2. --ISBN 978-7-5229-2593-6

Ⅰ. S718. 55；X51

中国国家版本馆 CIP 数据核字第 20250D77P1 号

---

责任编辑：于　泽　史　岩　　责任校对：寇晨晨

责任印制：储志伟

---

中国纺织出版社有限公司出版发行

地址：北京市朝阳区百子湾东里 A407 号楼　邮政编码：100124

销售电话：010—67004422　传真：010—87155801

http://www.c-textilep.com

中国纺织出版社天猫旗舰店

官方微博 http://weibo.com/2119887771

河北延风印务有限公司印刷　各地新华书店经销

2025 年 2 月第 1 版第 1 次印刷

开本：710×1000　1/16　印张：12

字数：212 千字　定价：99.90 元

---

凡购本书，如有缺页、倒页、脱页，由本社图书营销中心调换

# 前　言

森林防霾治污技术是一个多学科交叉的前沿领域，旨在利用森林生态系统的自然功能来减少大气污染和雾霾的影响。森林作为地球的“肺”，在过滤空气中的有害物质、调节气候和维护生态平衡方面发挥着关键作用。研究森林防霾治污技术的首要任务是理解森林生态系统如何通过其植被和土壤结构来吸附和分解大气中的污染物。在应用层面，森林防霾治污技术可以通过选择特定种类的植物进行有针对性的植被恢复和造林工程来实现。不同植物对污染物的吸附和降解能力各不相同，研究发现，某些树种如杨树、柳树等具有较强的吸附空气中的颗粒物能力。通过科学规划和种植，建立“绿肺”防护带，可以在城市周边或工业区周围形成一道天然屏障，有效降低空气污染物的浓度。与此同时，结合现代技术手段，如遥感技术、大数据分析等，可以对森林防霾治污效果进行实时监测和评估，从而优化治理策略，提高技术应用的效率和效果。

森林防霾治污技术的研究还需考虑气候变化和城市化进程对森林生态系统的影响。在全球气候变化背景下，气温升高、降水模式变化等都可能对森林的防霾治污功能产生影响。因此，未来的研究应当关注如何通过森林管理和技术创新，增强森林生态系统的适应性和稳定性，确保其在变化的环境中仍能有效发挥防霾治污的作用。森林防霾治污技术的研究与应用不仅是保护环境的有效途径，也是实现生态文明的重要手段。通过多层次、多维度的研究和实践，可以推动森林资源的可持续利用，为应对日益严峻的空气污染问题提供自然的解决方案，同时也为城市居民创造更健康的生活环境。这一领域的持续发展将有助于在全球范围内推动环境保护和生态恢复，提升人类与自然和谐共生的能力。

本书旨在系统地探讨利用森林生态系统对大气中固体颗粒物进行过滤与净化的技术与方法。近年来，随着大气污染问题的日益严重，霾的成因及其对人类健康和环境的危害引起了大众的广泛关注。固体颗粒物作为霾的主要成分，对空气质量和人类健康构成了重大威胁。森林作为自然界的“过滤器”，在防霾治污中发挥着独特而重要的作用。本书首先从大气污染与霾的成因出发，深入分析固体颗粒物的来源、特性及其在大气中的分布与迁移。接着，详细阐述了森林生态系统在颗粒物过滤中的作用机制，包括树木叶面、土壤对颗粒物的截留与吸附，以及森林对不同粒径颗粒物的过滤效率。进一步地，本书探讨了不同种类森林植物在防霾治污中的效果，分析了森林多样性与植物群落结构对颗粒物控制的影响。在技术应用方面，本书介绍了森林防霾治污的种植技术、管理与维护方法，并通过城市森林与绿化带的规划与建设，展示了其在实际应用中的成效。

笔者在写作本书的过程中借鉴了许多前辈的研究成果，在此表示衷心的感谢。由于本书需要探究的层面比较深，笔者对一些相关问题的研究还不透彻，加之写作时间仓促，书中难免存在不妥和疏漏之处，恳请前辈、同行及广大读者斧正。

程立超

2024 年 7 月

# 目　录

# 第一章　森林防霾治污的背景与意义

## 第一节　大气污染与霾的成因

### 一、大气污染的成因

#### （一）燃料燃烧

燃料在我们的日常生活和工业生产中扮演着不可或缺的角色，然而其燃烧过程中产生的废气却对环境造成了严重的影响。这些废气中包含了大量对环境有害的物质，约占总排放物的96%。以燃煤为例，煤炭燃烧时释放出了大量的烟尘、硫氧化物、氮氧化物和碳氧化物，这些物质是造成大气污染的主要成分。

烟尘是煤炭燃烧后产生的固体颗粒物。这些微小的颗粒在空气中悬浮，进入人体呼吸系统后会对人体健康造成极大的危害。长期暴露在含有高浓度烟尘的环境中，人们容易患上呼吸道疾病。烟尘不仅影响人体健康，还会降低空气质量，减少能见度，影响交通安全。

硫氧化物是在煤炭燃烧过程中大量产生的有害物质之一。硫氧化物主要包括二氧化硫和三氧化硫。这些硫氧化物排放到大气后，会与空气中的水蒸气反应生成硫酸，形成酸雨。酸雨对环境的破坏力极强，不仅能腐蚀建筑物和金属设施，还会严重影响土壤和水体的酸碱平衡，危害农作物和水生生物的生长。长期暴露在酸雨环境中的植物会出现叶片枯黄、早衰等现象，致使农作物减产，森林生态系统遭到破坏。

氮氧化物是煤炭燃烧过程中产生的另一类重要污染物。氮氧化物主要包括一氧化氮和二氧化氮，是光化学烟雾的组成成分。光化学烟雾是现代城市大气污染的一大顽疾，不仅影响城市的空气质量，还对人体健康产生了严重威胁。光化学烟雾中含有大量的氧化性物质，会刺激人体的眼睛、鼻子和喉咙，导致呼吸困难、眼睛刺痛等症状。此外，氮氧化物还会在大气中生成硝酸，进一步加剧酸雨的形成。

碳氧化物也是煤炭燃烧过程中释放的重要污染物之一。碳氧化物主要包括一氧化碳和二氧化碳。一氧化碳是一种无色无味的有毒气体，能够与人体血液中的血红蛋白结合，阻止血液输送氧气，导致人体缺氧，严重时会致人死亡。二氧化碳虽然对人体没有直接危害，但它是一种重要的温室气体。大量的二氧化碳排放到大气中，会导致温室效应，使全球气候变暖。气候变暖带来的后果是多方面的，包括极端天气频发、海平面上升、生态系统失衡等。

在电力生产过程中，大量的煤炭被燃烧，产生的废气直接排放到大气中，成为大气污染的重要来源之一。此外，煤炭还是我国社会大众生活取暖的重要燃料。特别是在冬季，北方地区大量使用煤炭取暖，导致大气中污染物的浓度急剧上升，形成雾霾天气。雾霾不仅影响居民的日常生活，还对居民的健康造成极大威胁。部分工业生产也大量以煤炭作为燃料。在冶金、化工、水泥等行业，煤炭被广泛应用于生产过程。特别是在一些环保设施不完善的企业，废气未经处理直接排放，导致周边环境污染严重。

虽然燃料燃烧是当前导致大气污染的主要因素之一，但我们也不能忽视其他因素的影响。例如，机动车尾气排放、建筑工地扬尘、垃圾焚烧等也是大气污染的重要来源。然而，燃料燃烧所产生的污染物种类多、数量大，对大气的影响尤为显著。因此，如何减少燃料燃烧过程中产生的污染物成为改善大气环境的重要课题。

### （二）工业生产

我国的工业生产在近年来取得了显著的发展，为国家经济增长提供了强大的动力。然而，伴随着工业化进程的加速，工业生产过程中排放的大量废气对大气环境造成了严重的污染。虽然与燃料燃烧相比，工业生产对大气环境污染的比例相对较低，但由于我国工业产业分布相对集中，工业废气在局部区域的排放较多，导致局部地区的大气污染问题尤为突出。

工业生产过程中排放的废气种类繁多，主要包括硫氧化物、氮氧化物、碳氧化物及各种有机和无机污染物。这些废气的排放不仅直接影响空气质量，还会与大气中的其他物质发生化学反应，生成二次污染物，致使空气污染程度加剧。例如，硫氧化物和氮氧化物会与大气中的水分发生反应形成酸雨，酸雨对生态环境的破坏极大，能够导致土壤酸化、水体污染、植被损伤等一系列环境问题。

在我国，工业生产分布较为集中，特别在京津冀地区、长江三角洲地区和珠江三角洲地区等经济发达地区。这些地区的工业密集度高，工业废气排放量大，导致局部大气污染问题严重。以京津冀地区为例，该地区是我国重工业和制造业的重要基地，钢铁、化工、建材等行业在此集聚，废气排放量大，污染物浓度高，成为雾霾天气的重灾区。雾霾对人体健康有着极大的威胁，会提高呼吸道疾病和心血管疾病的发病率。

工业废气的排放还会引发沙尘天气。特别在一些工业产业集中的干旱或半干旱地区，工业生产过程中产生的大量粉尘和废气排放会加剧沙尘暴的发生频率和强度。沙尘暴不仅影响空气质量，还会对交通、农业、建筑等产生不利影响，给社会经济带来巨大损失。

工业行业中，化工行业是大气污染的重要来源之一。化工生产过程中会产生大量有毒有害气体，如氯气、氨气、苯类物质等，这些物质不仅对大气环境造成污染，还会对周边居民的健康产生严重危害。化工厂附近的居民长期暴露在高浓度的有害气体中，容易出现呼吸道疾病、过敏反应等健康问题。

钢铁生产过程中需要燃烧大量燃料，同时还会产生大量烟尘、二氧化硫、氮氧化物等污染物。特别是在一些环保设施不完善的钢铁企业，其燃料燃烧产生的废气导致周边大气污染严重。钢铁厂附近的居民常常会感觉空气质量差、能见度低，生活质量受到极大影响。

建材行业在工业生产中也占有重要地位，但其生产过程同样面临严重的废气排放问题。水泥、砖瓦等建材生产过程中会产生大量粉尘和有害气体，这些粉尘和有害气体被直接排放到大气中，导致局部空气污染严重。特别在一些建材厂集中的区域，空气中的粉尘浓度高，居民生活环境恶劣，生病风险较大。

### （三）交通运输

随着现阶段我国国民经济水平的整体提升，社会大众的生活质量得到了大幅提高。现代化进程的不断推进，使人们的生活节奏加快，便利的交通工具成为日常生活中不可或缺的一部分。汽车数量的急剧增加无疑为人们的出行带来了极大的方便，但随之而来的环境问题也变得越来越突出。

虽然我国政府在大力推进新能源产业的发展，努力减轻传统能源对环境的负面影响，但不可否认的是，目前大部分交通运输工具仍然依赖汽油和柴油作为主要燃料。这种依赖性在短期内难以得到根本性的改变。汽油和柴油的燃烧过程中会产生大量的有害物质，包括一氧化碳、碳氢化合物、氮氧化物和颗粒物等，这些物质通过汽车的排气管排放到空气中，对大气环境造成了严重的污染。

在汽车启动和怠速运行时，尾气中含有大量的烃类物质，这些物质不仅对人类的身体健康产生威胁，还会对生态环境产生长远的负面影响。例如，一氧化碳能够与人体血液中的血红蛋白结合，减少血液运输氧气的能力，从而对人体器官和组织造成损害。人体长期暴露在高浓度的一氧化碳环境中，可能会产生头痛、头晕、恶心等症状，严重时甚至会引起昏迷或死亡。此外，碳氢化合物在阳光照射下会发生光化学反应，产生光化学烟雾。这种烟雾不仅会刺激人们的眼睛和呼吸道，还会导致慢性呼吸系统疾病的发生，影响肺功能，增加哮喘发作的风险。光化学烟雾中的一些成分还具有强烈的氧化性，能够对植物、建筑物和材料造成破坏，影响生态系统的平衡。

氮氧化物同样是交通运输尾气中的重要污染物。这类物质不仅能够直接危害人体健康，还能在大气中通过一系列复杂的化学反应生成臭氧和细颗粒物。臭氧是一种强氧化剂，能够刺激和损伤呼吸道，诱发和加重哮喘、支气管炎等呼吸系统疾病。同时，氮氧化物也是酸雨的主要成因之一，酸雨会对土壤、植被和水体造成严重的破坏，影响农业生产和水生生态系统。

颗粒物是汽车尾气中另一类重要的污染物，尤其是直径小于 2.5 微米的细颗粒物（PM2.5）。由于其粒径微小，能够深入人体的肺泡甚至进入血液，对人体健康的危害极大。研究表明，人体长期暴露在高浓度 PM2.5 环境中，容易引发心血管疾病、呼吸系统疾病，甚至增加肺癌的发病率。细颗粒物还会影响能见度，导致雾霾天气，对交通安全和人们的日常生活造成困扰。

随着汽车数量的持续增加，交通运输对大气污染的贡献日益突出。据统计，目前交通运输所排放的有害物质约占大气污染源的 10%。这一比例在城市地区尤为明显：由于车辆高度密集，尾气排放量更大，导致污染程度更严重。尤其在早晚高峰时段，大量车辆在道路上行驶和怠速，排放的污染物大量集中，使空气质量急剧下降。

面对交通运输带来的大气污染问题，采取有效的应对措施势在必行。应加大新能源车辆的推广力度，逐步减少对传统汽油和柴油车辆的依赖。新能源汽车不仅能够显著减少尾气排放，还能减少对石油资源的消耗，具有良好的环保效益和经济效益。应加强交通管理，优化道路规划，减少交通拥堵，提升交通运行效率。通过提高公共交通的服务水平，鼓励人们选择绿色的出行方式，减少私家车的使用频率，从而降低尾气排放量。此外，还应加强尾气排放的检测和治理，严格执行排放标准，推动高污染车辆的淘汰和更新，确保车辆的排放水平符合环保要求。

## 二、霾的成因

### (一) 自然气象因素

霾天气的形成与飘忽不定的气象有较强关联。如果天气一直处于同一温度，对地表空气来说，其流动是相对稳定的。在这种情况下，空气中的悬浮颗粒物能够较为均匀地分散，污染物不易在近地面层积聚。然而，当温度飘忽不定，冷空气势力较弱时，空气的垂直和水平流动会受到影响，容易形成大雾。这种大雾天气往往出现在气温变化剧烈、昼夜温差较大的季节，特别是秋冬季节。夜间降温幅度较大，空气中的水汽容易凝结，形成大量的悬浮液滴，使空气的能见度急剧下降。在这种气象条件下，近地面的相对湿度较大，风力较小，空气的流动性减弱。这时候，空气中的悬浮颗粒物会滞留在近地面层，难以扩散和稀释。特别在夜间，地面温度迅速降低，近地层空气冷却，水汽凝结形成雾滴。这些雾滴会与空气中的悬浮颗粒物结合，形成具有污染性的雾霾颗粒，更容易形成雾霾天气。

近年来，随着工业的快速发展，城市中的机动车尾气及其他烟尘排放源排出的颗粒物显著增加。这些颗粒物主要包括 PM10 等，由于其粒径较小，能够长时间悬浮在空气中，不易沉降。这些颗粒物不仅来自工业生产过程中排放的烟尘，还包括建筑工地上的扬尘、道路交通产生的粉尘、居民燃煤取暖排放的烟尘等多种来源。这些颗粒物的增加，使空气中的悬浮颗粒物浓度显著升高。这些细小的颗粒物在空气中停留的时间较长，容易吸附空气中的有害气体，如二氧化硫、氮氧化物等，形成复合型污染物。当空气中的悬浮颗粒物浓度达到一定水平时，在特定气象条件下，颗粒物与水汽相结合，容易出现凝结情况。这种情况下，空气中的颗粒物不仅无法扩散，还会在近地面层积聚。

城市中大量的建筑物和道路吸收并储存热量，使城市温度高于周边郊区。夜间城市降温较慢，近地面层的温度梯度较小，空气流动性差，导致污染物不易扩散。同时，城市中建筑物密集，阻碍了空气的水平流动，进一步加剧了污染物的积聚。在这样的环境下，雾霾天气的形成是多种因素共同作用的结果。首先是气象条件的变化，特别是温度和湿度的波动，使空气中的水汽容易凝结形成雾滴。其次是空气流动性的减弱，尤其在风力较小时，空气中的悬浮颗粒物难以扩散和稀释，滞留在近地面层。再次是城市中的污染源排放出大量的细小颗粒物，这些颗粒物长时间悬浮在空气中，与水汽结合形成污染性雾霾颗粒。此外，城市热岛效应和建筑物对空气流动的阻碍，进一步加剧了雾霾天气的形成。这些因素相互叠加，使雾霾天气在特定的气象条件下出现得更加频繁，影响更为严重。

### （二）水平方向的静风现象和垂直方向的逆温现象

随着城市建设的不断发展，楼房越建越高，地面摩擦系数也随之增大。这种变化会导致风在流经城区时风力明显减弱，静风现象也明显增多。静风现象的增多对大气污染物向城区外围扩展和稀释产生了不利影响，使污染物更容易在城区内积聚，导致高浓度大气污染的形成。城市中的这种情况尤为突出，是因为高楼大厦和密集的建筑物阻碍了空气的流通，使污染物无法有效扩散。这种现象在我国的雾霾天气分布规律中比较明显，雾霾天气在中西部地区较少，在东部地区较多；在乡村地区较少，在城市地区较多。尤其在春夏季节，雾霾天气相对较少，而在秋冬季节，雾霾天气显著增多。

当逆温层处于一个城市的上空时，城市高空的温度要比低空的温度高得多。逆温现象的出现使低层大气的温度升高相对缓慢，污染物在正常的气候条件下，会从气温较高的低空向气温较低的高空扩散，逐渐循环排放到大气中。然而，由于逆温现象的存在，低空的温度会更低，导致污染物被阻滞在低空和近地面。污染物不能及时排放出去，导致在低空停留的时间增加，造成城市上空出现颗粒物沉积现象，即雾霾现象。

静风现象和逆温现象共同作用，使城市空气中的污染物更加难以扩散和排放。静风现象的增多，使空气中的污染物无法通过水平风向扩散到城市外围，而逆温现象的存在，使污染物无法垂直扩散到高空。这样，污染物被困在城市的低空和近地面，形成高浓度的污染区域。这种情况在秋冬季节尤为严重，因为秋冬季节的气温变化较大，逆温现象更容易出现，而此时的风力较小，静风现象也更为频繁。

为了减少雾霾天气的出现，应加强城市规划和管理，降低高楼大厦的密集程度，增加城市中的绿地和开放空间，改善空气流通条件，推广使用清洁能源和环保技术，减少工业和交通排放的污染物。同时，应加强监测和预警系统，及时发布雾霾预警信息，采取相应的应对措施，如限制车辆行驶、停止工地施工等。此外，还应加强公众的环保意识，鼓励市民参与到环保行动中来，共同改善空气质量。

城市中的静风现象和逆温现象对大气污染的扩散和稀释产生了不利影响，使雾霾天气更加频繁和严重。这些现象不仅影响了空气质量，还对人们的健康和生活产生了负面影响。通过综合治理和多方面的努力，才能有效缓解雾霾天气的影响，改善城市的空气质量。特别在城市建设中，应注意减少高楼大厦的密集度，增加绿地和开放空间。通过合理的城市规划，可以有效减少静风现象的发生，提高空气流通性，减少污染物的积聚。

### (三) 人为因素

通常情况下，汽车尾气、农作物燃烧和化石能源燃烧等活动都会释放大量有害物质，这些有害物质包括悬浮颗粒物、二氧化硫、一氧化碳和氮氧化物等。这些物质在空气中积累，会导致空气质量显著下降，最终引发雾霾。随着城市的快速发展和经济的不断进步，能源消耗量急剧增加，工业废弃物的排放及日常生活中各种污染物质的过量释放，都显著增加了雾霾天气的出现频率和严重程度。

随着经济的发展和人们生活水平的提高，越来越多的人购买私家车，导致道路上的汽车数量迅速增加。汽车在行驶过程中排放的尾气中含有大量的污染物质，如一氧化碳、氮氧化物和碳氢化合物等。这些物质不仅对人类健康有害，还会对大气环境造成严重污染。尤其在城市交通拥堵的情况下，车辆长时间怠速运行，尾气排放量会显著增加，使空气中的污染物浓度急剧上升，导致雾霾天气的频发。

许多企业由于缺乏环保意识，未按要求安装或使用空气净化装置，导致大量不符合标准的有害气体直接进入大气中。例如，钢铁厂、水泥厂和化工厂等重工业企业在生产过程中会产生大量的烟尘和废气，这些污染物如果未经处理直接排放，会对大气环境造成极大的危害。此外，一些中小型企业由于环保设施不完善，排放的污染物未经有效处理，也会加剧空气污染，增加雾霾天气的发生频率。

农作物燃烧也是不可忽视的人为因素。特别是在秋收季节，农民为了处理秸秆等农作物残留物，常常选择焚烧处理。这种方法虽然方便快捷，但会产生大量的烟尘和有害气体，如一氧化碳、二氧化碳和甲烷等。这些污染物在空气中聚集，容易形成大面积的烟雾，进一步加剧雾霾天气的严重程度。此外，农作物燃烧还会释放出大量的细颗粒物，这些颗粒物在空气中悬浮会对大气环境和人们的健康构成威胁。

煤炭作为我国主要的能源之一，被广泛应用于工业生产和居民取暖等领域。然而，煤炭燃烧过程中会产生大量的二氧化硫、氮氧化物和细颗粒物等污染物，这些物质在空气中累积，不仅会对环境造成污染，还会对人体健康产生不良影响。特别在冬季供暖时，煤炭的大量使用，使空气中的污染物浓度大幅增加，雾霾天气频繁出现。

在城市建设过程中，大量的土石方开挖、建筑材料的堆放和运输等活动，会产生大量扬尘。这些扬尘颗粒在空气中悬浮，容易被风吹散，形成大范围的污染区域。尤其在干燥季节，扬尘问题更加突出，对空气质量造成严重影响，增加了雾霾天气的发生概率。

城市生活中的其他污染源也对雾霾天气的形成起着重要作用。比如，餐饮业油烟排放、垃圾焚烧、建筑装饰材料中的挥发性有机物等在空气中累积，进一步加剧了大气污染。尤其在一些环境监管不到位的地方，这些生活污染源排放的污染物未经有效处理，直接进入大气中，使空气质量下降。

面对人为因素导致的雾霾天气问题，需要采取多方面的措施进行治理。应加强机动车的排放管理，推广使用清洁能源汽车，减少尾气排放；严格监管工业企业排放，加强环保设施的建设和使用，确保污染物排放达标。同时，应禁止秸秆焚烧，推广秸秆综合利用技术，减少农作物燃烧对空气的污染。还应加大对煤炭使用的管控力度，推广使用清洁能源，减少煤炭燃烧产生的污染物排放。此外，还应加强建筑工地扬尘治理，采取洒水降尘等措施，减少扬尘污染。应加强公众的环保意识教育，鼓励全民参与环保行动，减少雾霾天气的发生。

## 第二节　固体颗粒物污染对人体健康的危害

### 一、呼吸道疾病

固体颗粒物污染对人类健康的危害尤其显著，特别是对呼吸系统的影响尤为明显。空气中的固体颗粒物在被吸入人体后，可以直接刺激呼吸道黏膜，导致咳嗽、气喘等症状的出现。这些颗粒物包括 PM10 和 PM2.5，它们的粒径非常小，能够深入呼吸道的深部，甚至进入肺泡。这种刺激不仅会引起短期的呼吸道症状，还会对呼吸道黏膜造成长期损伤，使其对外界污染物的抵抗力下降。

人们长期暴露在高浓度颗粒物污染环境中，会显著增加患上各种呼吸道疾病的风险。慢性支气管炎是一种常见的呼吸道疾病，这种疾病主要表现为持续的咳嗽和痰多，特别在早晨和夜间，症状更为显著。慢性支气管炎患者的气道长期受到颗粒物的刺激，气道内壁逐渐变厚，分泌物增加，导致气道阻塞，呼吸困难。随着病情的发展，患者可能会出现呼吸功能减退，导致患者的生活质量显著下降。

肺气肿是另一种由颗粒物污染引起的严重呼吸道疾病。肺气肿患者的肺组织由于长期暴露在被污染的环境中，弹性纤维受损，肺泡壁逐渐被破坏，形成气囊样结构，导致肺组织的弹性下降。患者在呼吸时需要付出更多的“努力”，才能将空气吸入肺中并排出体外，这使他们在日常活动中容易感到疲劳和气短。随着病情的恶化，肺气肿患者可能会发展为慢性阻塞性肺疾病（COPD），这是一种不可逆的呼吸系统疾病，会严重影响患者的生活质量和预期寿命。

除慢性支气管炎和肺气肿外，颗粒物污染还会增加患其他呼吸道疾病的风险。哮喘是一种常见的过敏性疾病，颗粒物污染可以诱发和加重哮喘症状。哮喘患者在接触高浓度的颗粒物后，气道会发生急性收缩，导致喘息、气急和胸闷等症状。这些症状的频繁发作，不仅影响患者的正常生活和工作，还可能在严重情况下威胁患者的生命。

肺癌也是与颗粒物污染密切相关的严重疾病。研究表明，长期暴露在颗粒物污染环境中，会增加患肺癌的风险。颗粒物中的多环芳烃（PAHs）等有害物质具有强致癌性，能够通过呼吸道进入人体，在肺部积聚并诱发细胞突变，最终导致癌变。肺癌的早期症状往往不明显，许多患者在确诊时已是晚期，治疗难度大，预后较差。

颗粒物污染对儿童和老年人的呼吸系统危害尤为严重。儿童的呼吸系统尚未发育完全，抵抗力较弱，容易受到污染物的影响。长期接触高浓度的颗粒物污染，会影响儿童的肺功能发育，增加呼吸道感染的风险，甚至可能导致哮喘等慢性疾病的发生。老年人的呼吸系统功能随着年龄增长逐渐衰退，长期暴露在被污染的环境中，会加剧呼吸系统疾病的发生和发展，影响其生活质量和健康状况。

除了对呼吸系统的直接影响，颗粒物污染还会通过间接方式对全身健康造成不利影响。颗粒物中的有害物质可以通过呼吸道进入血液循环，导致全身炎症反应，增加心血管疾病的发生风险。研究表明，人们长期暴露在颗粒物污染环境当中，会增加高血压、冠心病和中风等心血管疾病的发病率。这些疾病不仅会显著降低患者的生活质量，还可能对生命安全构成严重威胁。

颗粒物中的有害物质会削弱免疫系统的功能，使人体对外界病原体的抵抗力下降，增加感染和炎症的风险。特别是免疫力较弱的儿童和老年人，颗粒物污染对其健康的威胁更加明显。

## 二、心血管疾病

颗粒物污染不仅对呼吸系统有着显著影响，对心血管系统的危害也不容忽视。长期暴露在高浓度的颗粒物污染环境中，会显著增加心血管疾病的发病风险。颗粒物通过呼吸道进入人体后，可以进入血液，参与血液循环，对心血管系统产生多方面不良影响。

颗粒物中的有害物质进入血液后，会激活体内的炎症细胞，释放出多种炎症介质。这些炎症介质不仅会损伤血管内壁，还会导致血管的内皮细胞出现功能障碍。内皮细胞是血管内壁的重要组成部分，具有调节血管扩张、血液流动和血管通透性的功能。当内皮细胞受到损伤或功能障碍时，血管壁的弹性就会下降，血管容易出现硬化和狭窄，从而增加高血压和动脉粥样硬化的风险。

研究表明，人们暴露在颗粒物污染环境中，会导致血液的黏稠度增加，使血液流动变得不畅。高黏稠度的血液容易形成血栓，而血栓的形成则是心脏病和中风的主要原因之一。此外，颗粒物中的某些成分还会直接影响血小板的功能，使血小板更容易聚集，从而增加血栓形成的风险。这些变化都会显著提高心血管疾病的发病率。

颗粒物进入血液后，会对心肌细胞产生毒性作用，使心肌细胞的功能受到损害。研究发现，长期暴露在颗粒物污染环境中的人群，心率变异性明显降低，心脏的泵血功能减弱，心脏病的发病风险显著增加。尤其在老年人和已有心血管疾病的人群中，这种影响更加明显，因为他们的心脏功能本来就较弱，更容易受到外界不良因素的影响。

颗粒物污染还会通过影响自主神经系统来增加心血管疾病的患病风险。自主神经系统包括交感神经和副交感神经，负责调节心脏的功能和血管的收缩。当颗粒物进入体内后，会激活交感神经系统，使心脏的负荷增加，心率加快，血压升高。长期的交感神经激活，会导致心血管系统的过度紧张，增加高血压、心脏病和中风的发生风险。

多项研究表明，长期暴露在高颗粒物污染环境中的人，心血管疾病的发生率会显著高于低颗粒物污染环境中的人群。例如，一项研究发现，生活在高颗粒物污染地区的人群，其心脏病的发病率比生活在低颗粒物污染地区的人群高出20%以上。此外，颗粒物污染还与心血管疾病的急性发作密切相关。在颗粒物浓度较高的地方，心脏病和中风的急诊就诊率和住院率显著增加，这表明颗粒物污染不仅对慢性心血管疾病有影响，还会诱发急性心血管病症。

为了减少颗粒物污染对心血管系统的危害，需要采取多方面的措施。应加强空气质量监测和预警，及时发布颗粒物污染信息，提醒公众在污染严重时减少户外活动。应推广使用清洁能源和环保技术，减少煤炭和其他高污染能源的使用，从源头上减少颗粒物的排放。工业企业应严格遵守环保法规，安装和使用高效的空气净化装置，减少工业废气的排放。交通管理部门应加强机动车尾气排放的监管，鼓励公众选择绿色的出行方式，减少汽车尾气对空气的污染。

## 三、癌症

颗粒物中的一些成分，如重金属、多环芳烃（PAHs）等，具有很强的致癌性。颗粒物污染对人体健康的危害不仅限于呼吸系统和心血管系统，还对细胞的正常功能和基因的稳定性有着深远影响，从而导致癌症的发生。

颗粒物污染中的重金属，如铅、镉、铬等，是公认的致癌物质。这些重金属可以通过呼吸道进入人体，沉积在肺部和其他器官中。它们能够通过多种机制诱导癌症的发生和发展。例如，铅具有强烈的基因毒性，可以导致 DNA 损伤，干扰细胞的正常分裂过程，从而引发基因突变。这些突变可能导致细胞生长失控，最终发展为癌症。镉能通过抑制 DNA 修复机制，增加基因突变的概率，从而提高癌症发生的风险。铬，特别是六价铬，能够穿透细胞膜，与 DNA 结合，导致 DNA 链断裂和突变，进而引发细胞癌变。

PAHs 是一类在颗粒物中常见的强致癌物质。PAHs 主要来源于化石燃料的不完全燃烧，如汽车尾气、工业废气和家庭取暖燃煤等。PAHs 进入人体后，可以在体内代谢生成致癌性质的代谢物，这些代谢物能够与 DNA 形成加合物，诱发 DNA 突变和基因重排，从而导致细胞癌变。研究表明，人们长期暴露于高浓度的 PAHs 环境中，会导致肺癌、皮肤癌和膀胱癌的发病率显著增加。

由于颗粒物主要通过呼吸道进入人体，所以肺部成为其主要的沉积场所和作用靶点。颗粒物中的致癌物质能够直接接触和损伤肺部组织细胞，导致细胞发生基因突变和癌变。此外，颗粒物污染还可以通过引发慢性炎症反应，进一步促进肺癌的发生和发展。长期暴露在高浓度颗粒物污染环境中的人群，肺癌的发病率显著高于低浓度颗粒物污染环境中的人群。

除肺癌外，颗粒物污染还与多种其他类型癌症的发生密切相关。例如，长期接触高浓度颗粒物污染会增加患膀胱癌的风险。膀胱癌的发病机制与致癌物质在体内的代谢和排泄有关。颗粒物中的致癌物质可以通过血液循环进入肾脏，经过代谢后进入尿液，最终在膀胱内停留。长期的致癌物质暴露和膀胱内环境的慢性刺激，可能导致膀胱黏膜细胞发生癌变。

虽然颗粒物主要通过呼吸道进入人体，但也可以通过皮肤直接接触和吸收。颗粒物中的 PAHs 和重金属可以通过皮肤进入体内，导致皮肤细胞的基因突变和癌变。特别在一些高污染的工业区和交通繁忙的城市地区，人们的皮肤直接暴露在污染环境中的概率较高，使患皮肤癌的风险随之增加。

颗粒物污染对儿童和老年人的致癌风险尤为严重。儿童正处于生长发育阶段，细胞分裂和代谢活动旺盛，对致癌物质的敏感性较高。老年人的免疫系统功能逐渐衰退，对外界环境的抵抗力下降，更容易受到致癌物质的影响。老年人长期生活在颗粒物污染环境中，会导致癌症的发病率显著增加。

## 第三节　森林生态系统在防霾治污中的作用

### 一、吸收和降解空气中的颗粒物

森林生态系统在防霾治污方面发挥着重要的作用。森林能够有效吸收和降解空气中的细颗粒物，这是由于森林中的树木和植物具有多种自然过滤和净化空气的能力。树木的叶片和树冠使树木拥有广阔的表面积，可以捕捉和固定空气中的悬浮颗粒物。特别在城市和工业区，森林的存在有助于减少空气中 PM2.5 等细颗粒物的浓度，从而提高空气质量。

树木的气孔是吸收空气中颗粒物的重要途径。气孔分布在叶片的表面，它们不仅允许气体交换，还能捕捉空气中的颗粒物。当颗粒物通过气孔进入树木体内时，它们会附着在叶片的表面或被植物的内在结构所吸收，从而减少空气中颗粒物的浓度。树木通过这一机制，不仅清除了空气中的细颗粒物，还减少了对人体健康的潜在危害。除了气孔，树木的根系也会在空气污染的缓解中发挥作用。根系可以吸收土壤中的水分和养分，同时能通过土壤中的微生物，分解和转化一些潜在的污染物。森林土壤中的微生物能将有机物质分解成更简单的无害物质，从而降低土壤和空气中的污染物浓度。通过这种方式，森林不仅净化了土壤，还对空气质量产生积极影响。

二氧化碳是一种主要的温室气体，它的浓度增加会导致全球变暖和气候变化。森林中的绿色植物通过光合作用，将二氧化碳转化为氧气，同时将碳固定在植物体内，从而减少了大气中的二氧化碳浓度。这个过程不仅降低了大气中温室气体的浓度，还减轻了气候变化带来的极端天气现象，间接地减少了二次污染的发生。

森林还能够通过降水和蒸散作用改善空气质量。森林中的植被可以通过蒸腾作用释放水分，这些水分会与空气中的颗粒物结合，形成更大的颗粒，从而使它们更容易沉降到地面。这种自然的湿润作用能够减少空气中颗粒物的浓度，并降低霾的形成可能性。降水也有助于清除空气中的污染物，雨水降落时会将空气中的颗粒物和污染物带到地面，从而净化空气。

森林的存在对减少城市热岛效应有积极作用。森林能够通过树冠遮挡阳光和蒸腾降温，缓解城市热岛效应，降低城市温度，从而减少空气中臭氧等污染物的生成。降低城市温度不仅有助于改善空气质量，还能减少能源消耗和温室气体排放。通过提供栖息地和生态服务，森林还能增强城市和自然环境的韧性。丰富的森林生态系统支持多种动植物的栖息，为生态系统提供了更多的服务功能，包括空气净化和水质改善。森林能够维护生态平衡，减少自然灾害的发生频率，如洪水和土壤侵蚀等，这间接地减少了人为活动对空气质量的影响。

## 二、改善空气质量

森林生态系统在改善空气质量方面发挥着至关重要的作用。森林中茂密的树叶和草地构成了一个天然的过滤系统，能够显著降低空气中的有害物质含量。树木和植物的叶片提供了广泛的表面积，可以用于捕捉和过滤空气中的颗粒物和污染物。树叶表面细腻的结构能够有效地拦截空气中的悬浮颗粒，如PM10，这些细小的颗粒物在进入人体后可能对人体健康造成威胁。

树木的叶片通过气孔进行气体交换。气孔不仅允许二氧化碳进入进行光合作用，也能吸附空气中的一些污染物质。研究发现，树木的叶片可以有效捕捉空气中的有害气体，如臭氧、氮氧化物和硫化物，这些气体在浓度较高时会对人体健康造成危害。通过将这些气体吸附在叶片表面或通过根系转化，森林能够减少空气中有害气体的浓度，从而改善空气质量。

草地能够通过其密集的植被层捕捉空气中的细小颗粒，减少地面的尘土飞扬。植被的根系能增加土壤的稳定性，防止被风吹起的尘土进入空气中，从而减少空气中的颗粒物含量。特别在城市和工业区周围，绿化带和草地的存在有助于降低空气中浮尘和污染物的浓度。

森林还通过光合作用显著提高空气中的氧气含量。光合作用是指森林中植物通过吸收二氧化碳和水分，利用阳光将其转化为氧气和有机物的过程。在这个过程中，植物吸收空气中的二氧化碳，并释放出氧气。这不仅减少了大气中的二氧化碳浓度，减缓了温室效应，还增加了空气中的氧气含量。空气中氧气的增加对人类健康至关重要，它能够提高空气的清新度，使呼吸更加舒畅，有助于提高人们的生活质量和工作效率。光合作用过程中释放的氧气不仅对改善空气质量有直接影响，还对减少空气中的二次污染起到了积极作用。二氧化碳是温室气体的一种，过多的二氧化碳会导致气候变暖和空气污染。通过植物的光合作用，森林能够使大气中的二氧化碳减少，减缓气候变暖，从而降低因温度升高而引发的二次污染，如臭氧层损耗和臭氧污染。

森林生态系统中的植物还可以通过调节局部气候进一步改善空气质量。森林中的蒸散作用，即植物将水分从土壤中吸收并通过叶片释放到空气中，有助于增加空气湿度。较高的空气湿度能够使空气中的颗粒物更容易凝结和沉降，从而减少悬浮颗粒物的浓度。此外，森林的降温作用可以缓解城市热岛效应，降低城市气温，这有助于减少由于高温引起的空气污染物的形成和积累。

不同种类的植物对空气污染物的吸附能力不同，具有丰富植被的森林系统能够更加全面地处理各种污染物。植物种类的多样性使森林能够更好地适应不同环境条件，处理各种类型的污染物，从而有效改善空气质量。

## 三、防治水土流失

森林的根系结构在土壤稳定性和水土保持方面发挥着关键作用。树木的根系深深地扎根于土壤中，通过根系的交织和缠绕，有效地固定了土壤颗粒，从而增强了土壤的抗侵蚀能力。这种自然的固定作用使森林能够有效地防止水土流失，尤其在降雨量较大或坡度较陡的地区。

根系不仅可通过物理方式稳定土壤，还可通过改善土壤结构和增加土壤孔隙度促进土壤的透水性。这种改良的土壤结构有助于减少地表径流，使雨水能够渗透到土壤中，而不是直接冲刷地表。这样，降雨后产生的径流量降低，从而降低了土壤被冲刷的风险，进一步防止了水土流失的发生。

在森林中，树木的根系能通过与土壤中的有机物质相互作用，增强土壤的黏结性和稳定性。根系分泌的有机物质和微生物活动形成了土壤团粒结构，这种结构使土壤颗粒更加紧密地结合在一起，减少了风蚀和水蚀的可能性。随着时间的推移，森林地表的土壤得到进一步的改善，变得更加坚固和稳定。

森林还通过树木的拦截作用缓解雨水的直接冲击，降低土壤侵蚀的风险。树木的枝叶和树冠形成了一个天然的“雨伞”，能够有效地拦截降雨，减少雨滴对地面的直接冲击。这种拦截作用能够减轻雨水对土壤表层的侵蚀，降低了土壤颗粒被冲刷的概率。此外，落叶和枯枝等植物残体形成覆盖层，进一步保护土壤表面，防止了水土流失。

森林的植被覆盖还具有调节地表温度和湿度的功能。森林中的植被能够降低地表温度，减少蒸发量，使土壤保持适当的湿度。湿润的土壤更不容易被侵蚀，同时也有助于保持土壤的结构稳定。适当的湿度还能促进植物的生长和根系的发育，进一步增强土壤的稳定性。

森林通过其广阔的树冠和根系系统，能够有效地减缓雨水流速，降低山体滑坡和泥石流的发生概率。在降雨期间，森林中的植被能够拦截和缓解降水的冲击，减少地表径流，从而防止泥土被冲刷下滑。根系的固定作用还能增强山体的稳定性，减少因土壤流失而导致的滑坡和崩塌现象。

森林能够保持和调节水源的流量和水质，减少水土流失对水体的影响。森林的根系系统能够滤除水中的悬浮颗粒和污染物，保持水体的清洁和稳定。这种天然的水质净化功能不仅有助于防止水土流失，还保护了水资源的生态环境。

通过这些综合作用，森林在防治水土流失方面发挥了重要的生态功能。它们通过根系的固定作用、雨水的拦截和覆盖层的保护，减少了水土流失的发生；通过调节土壤的湿度和温度、减缓地表径流，进一步提高了土壤的稳定性和抗侵蚀能力。在山区和坡地，森林的防护作用尤为突出，能够有效预防泥石流和山体滑坡。总之，森林生态系统的存在和保护不仅有助于维持土壤的健康和稳定，还对水源的保护和生态环境的改善起到积极作用。

## 四、维护生物多样性

森林在维护生物多样性和促进自然生态平衡方面发挥着重要作用。森林生态系统是一个复杂且高度多样化的生态网络，包含丰富的植物、动物、微生物和其他生物。不同物种之间通过相互作用和相互依存，构成了一个稳定的生态系统。这种生物多样性不仅是生态系统健康的体现，也对环境的稳定性和生态平衡具有重要影响。

在森林生态系统中，各种生物之间存在着复杂的食物链和相互关系。植物是生态系统的基础，通过光合作用生产有机物质，为整个生态系统提供能量来源。植物的花粉和果实是许多昆虫和鸟类的食物来源，这些昆虫和鸟类又成为其他动物的食物。这样，森林中的食物链相互连接，各个物种之间形成了一个完整的生态网络。这种相互依存的关系使森林生态系统能够有效地调节和维持生态平衡。

拥有多样化物种的森林能够更好地适应环境变化和抵御外部干扰。例如，不同种类的植物在气候变化、病虫害等环境压力下具有不同的适应能力。多样的植物种类能够在一定程度上缓解气候变化对森林生态系统的影响，因为某些植物可能对气候变化更加敏感，而一些植物则具备较强的适应性。生物多样性还能增强森林的抵抗力，使其在面临自然灾害和人为干扰时，能够更快地恢复和调整。

森林中的生物多样性对空气质量和环境治理也具有积极作用。例如，森林中的植物通过光合作用吸收二氧化碳，释放氧气，降低了空气中的温室气体浓度。植物种类的多样性能够提高光合作用的效率，从而更有效地减缓气候变化。森林中的微生物和昆虫能够分解落叶和其他有机物质，将其转化为土壤养分，不仅维持了土壤的肥力，还有助于减少土壤侵蚀和水土流失。

不同种类的植物对空气中的污染物有不同的吸附和转化能力。例如，一些植物能够有效地吸收和降解空气中的有害气体，如氮氧化物和硫化物，而另一些植物能够捕捉空气中的颗粒物。通过植物的过滤作用，森林能够减少空气中的污染物浓度，改善空气质量。同时，森林中的微生物也在空气净化中发挥作用，它们能够降解空气中的有机污染物，减少这些污染物对空气质量的影响。

森林的生物多样性还对维持水质和水量平衡起到了重要作用。森林中的植物根系能够吸收土壤中的水分和营养物质，减少地表径流和水土流失。多样的植物根系能够有效地固定土壤，减少泥沙进入水体，从而保护水质。不同植物种类在水分和营养物质的吸收方面具有不同的特性，它们共同作用，维持了森林水源的稳定性和生态系统的健康。

维护生物多样性有助于提高森林生态系统的生态服务功能。森林中的各种生物不仅提供了生态服务，如空气净化、水源保护和土壤改良，还为人类提供了丰富的资源和生物技术。生物多样性的保护有助于保持这些生态服务的持续性，从而支持人类的可持续发展。

## 第四节　森林防霾治污研究的意义

### 一、保护公共健康

随着工业化进程的加快和城市化的迅猛发展，空气污染问题日益严重，成为全球公共健康的重大威胁。特别是颗粒物（PM2.5 和 PM10）和有害气体（如二氧化硫、氮氧化物和臭氧）的浓度持续升高，已对人们的呼吸系统、心血管系统和整体健康状况产生了深远影响。研究表明，人们长期暴露在污染空气中不仅会增加呼吸道感染、哮喘、慢性支气管炎等疾病的发病率，还可能引发心脏病、肺癌等严重的健康问题。儿童、老年人及患有慢性疾病的人群尤为脆弱，对空气质量的变化更为敏感。因此，探索有效的防霾治污方法具有重要的公共健康意义。

树木和植被能够通过光合作用吸收二氧化碳并释放氧气。此外，树木的叶片和树冠能够捕捉和固定空气中的颗粒物，减少这些有害物质的悬浮和传播。研究发现，森林的存在可以有效降低空气中 PM2.5 和 PM10 的浓度，缓解空气污染对人类健康的危害。在一些高污染地区，增加森林覆盖率和绿地面积被认为是改善空气质量的有效手段之一。因此，对森林防霾治污机制的深入研究不仅能够揭示其在空气净化中的具体作用，也能够为政策制定和城市规划提供科学依据，从而更好地保护公共健康。

与此同时，森林生态系统还具有调节气候、维护水循环、保护土壤等功能，这些功能间接地有助于减轻空气污染对健康的影响。例如，森林通过蒸腾作用释放水分，增加空气湿度，这不仅有助于降低空气中的颗粒物浓度，还能缓解干燥环境对呼吸系统的刺激。森林还能够通过改善土壤结构，减少风蚀和尘土飞扬，进一步降低空气污染。因此，森林防霾治污的研究不仅仅限于空气净化，还涉及更广泛的生态系统服务和环境保护层面。

森林防霾治污研究对提高公众环保意识和推动社会参与具有重要意义。通过对森林生态作用的深入研究，公众能够更好地理解森林保护和绿化对空气质量的重要性。这种理解有助于激发公众对环境保护的关注和参与，促进社会各界对森林资源的保护和合理利用。政府和相关机构也可以通过宣传和教育，增强公众对空气污染危害的认识，并鼓励大家参与植树造林、减少排放，从而共同努力改善空气质量，保护公共健康。

## 二、促进绿色基础设施建设

随着城市化进程的推进，城市环境问题逐渐成为社会关注的焦点。传统的基础设施建设往往侧重于满足人们的生活和生产需要，如道路、建筑和排水系统，但这些设施的建设往往忽视了环境保护和生态平衡。森林防霾治污研究通过揭示森林在空气净化和生态调节中的关键作用，为绿色基础设施的建设提供了科学依据，推动了城市环境的可持续发展。

绿色基础设施的核心理念是将自然生态系统和人工设施结合起来，以实现生态、社会和经济的综合效益。在这一理念下，森林不仅是自然景观的一部分，更是城市环境管理的重要组成元素。通过研究森林对空气质量的改善作用，可以明确绿色基础设施的建设应当注重森林绿化、植被覆盖和生态系统服务的提升。例如，城市中的森林公园和绿地可以有效吸附空气中的污染物，提供清新的空气和宜人的环境。这种环境不仅提高了城市居民的生活质量，也避免了因空气污染引发的健康问题，从而促进了社会的和谐与稳定。

在绿色基础设施建设中，森林的植被覆盖被认为是最具成本效益和长期效益的解决方案之一。研究表明，植被覆盖能够有效降低城市热岛效应，减少能源消耗，降低空调使用频率，从而减少温室气体的排放。绿色基础设施不仅能为环境带来益处，还能够带来经济效益。例如，增加森林绿地可以提升房产价值，促进旅游业和休闲产业的发展，这些都为城市经济注入了新的活力。此外，绿色基础设施的建设还能带来社会效益，例如，提升居民的幸福感和社区的凝聚力，从而促进社会的和谐与发展。

在全球气候变化和环境压力日益加大的背景下，绿色基础设施的建设显得尤为重要。森林防霾治污研究为绿色基础设施的规划和实施提供了宝贵的科学依据和实践经验，推动了环境保护和生态恢复的进程。通过深入研究森林对空气质量的影响，结合实际情况进行绿色基础设施建设，可以有效应对环境挑战，实现可持续发展目标。森林不仅是城市绿化的基础，还在城市环境管理中发挥着至关重要的作用。因此，继续推动森林防霾治污研究，优化绿色基础设施的设计和实施，将为未来城市的绿色发展和生态平衡奠定坚实的基础。

## 三、推动科学研究和技术创新

在当前全球环境变化的背景下，科学技术的进步和创新对解决环境问题具有至关重要的作用。森林在防霾和治污方面的研究不仅能够推动相关领域的科学发展，还能促进新技术的应用和推广，为应对环境挑战提供有效的解决方案。研究表明，森林对空气质量的改善涉及复杂的生态过程和多种因素，深入探究这些过程不仅有助于提高对森林功能的认识，还能推动相关科学技术的突破和进步。

在森林防霾治污研究过程中，首先需要建立科学的评估体系，以准确测量和评估森林在空气净化中的作用。这包括对森林区域的空气质量进行长期监测，收集数据，分析森林对不同污染物的去除效果。这些研究成果不仅有助于完善现有的空气质量模型和评估方法，还能为相关政策的制定提供科学依据。通过不断优化评估体系和方法，可以提高对森林生态功能的认识，从而推动科学研究的深入发展。

森林防霾治污研究可促进新技术的研发和应用。例如，为了提高森林的空气净化能力，科学家们开发了许多先进的技术手段，如无人机监测技术、高分辨率遥感技术和数据分析算法。这些技术的应用不仅能够更准确地监测森林的健康状况，还能够实时跟踪空气质量的变化，为森林管理和环境保护提供支持。同时，这些新技术的研发也促进了其他相关领域的技术进步，如物联网、大数据分析和人工智能等领域。这种技术创新的推进，不仅有助于提升森林防霾治污的效率，还能推动相关技术的应用和普及，促进社会的科技进步。

森林防霾治污研究涉及生态学、环境科学、气象学、工程技术等多个学科领域，只有通过跨学科的协作，才能够全面了解森林对空气质量的影响机制。不同学科的专家和研究人员可以共同探讨问题，分享数据和经验。同时，跨学科的合作还能够促进新技术的研发和应用，使森林防霾治污研究成果能够更好地转化为实际应用，造福社会。

通过研究森林对空气质量的影响，可以制定更加科学合理的森林管理政策，提升森林的生态功能。例如，可以根据研究成果确定适合的树种、植被配置和森林布局，以提高森林的空气净化能力。此外，技术创新还可以为森林保护提供更有效的工具和方法，如森林健康监测系统、智能灌溉系统等。这些工具和方法不仅能够提高森林管理的效率，还能减少人力和物力的投入，从而推动森林资源的可持续利用。

## 四、应对环境挑战

当今世界，环境问题已成为人类面临的重大挑战，空气污染、全球变暖和生态退化等问题正严重影响着人类的生活质量和生态安全。特别在快速城市化和工业化的背景下，环境污染问题越发突出，给自然生态系统和人类健康带来了深远影响。森林防霾治污研究的开展正是为了寻找有效的解决方案，减轻和应对这些环境挑战，从而推动环境保护和可持续发展。

在全球气候变化的背景下，空气污染已成为一项全球性难题。大量的工业废气、汽车尾气及其他污染源的排放，使空气中悬浮颗粒物和有害气体的浓度不断上升。研究表明，这些污染物对生态系统和人类健康具有严重的负面影响。森林作为天然的空气净化系统，能够有效吸收和固定空气中的污染物，降低空气污染程度。森林防霾治污研究揭示了森林在空气净化中的重要作用，为应对空气污染问题提供了科学依据和实践指南。通过研究森林如何吸收颗粒物、减少污染气体的排放，可以为制定和实施有效的环境政策提供支持，从而缓解空气污染带来的挑战。

全球变暖是由温室气体排放引起的气候变化现象，对地球生态系统和人类社会造成了深刻影响。森林通过光合作用吸收大量的二氧化碳，并将其转化为有机物质储存，从而降低了温室气体在大气中的浓度。森林防霾治污研究不仅关注森林对空气污染的治理，也涉及森林在碳汇功能中的作用。通过研究森林碳汇的机制和效率，可以为全球减排目标的实现提供科学支持，推动应对气候变化的政策和措施的制定和实施。

在环境退化的情况下，森林生态系统往往会受到严重影响，导致生态服务功能的减弱。这种情况不仅影响了生物多样性，还会加剧环境问题。研究森林在防霾和治污方面的作用，可以帮助我们了解森林生态系统的健康状态和恢复能力。通过科学的森林管理和保护措施，可以提高森林的生态服务功能，恢复生态平衡，进而应对环境退化带来的挑战。

城市化进程中的环境挑战促使森林防霾治污研究的重要性日益增强。城市化带来了大规模的土地开发和建筑建设，导致自然生态系统的破坏和绿地的减少。这不仅加重了城市热岛效应，还加剧了空气污染问题。森林作为城市绿色基础设施的重要组成部分，能够在城市环境中发挥调节气候、改善空气质量的作用。通过研究森林在城市环境中的作用，可以为城市规划和建设提供科学指导，推动绿色城市的建设，从而应对城市化进程带来的环境挑战。

在应对环境挑战的过程中，森林防霾治污研究还需要充分考虑全球和区域的环境变化趋势。不同地区的环境问题具有不同的特点和影响因素，因此需要根据具体情况制定相应的应对策略。通过全球范围的研究和区域性的案例分析，可以更好地理解森林在不同环境条件下的作用，从而提出具有针对性的解决方案。同时，国际之间的合作与交流也是应对环境挑战的重要途径。各国可以通过共享研究成果和技术经验，共同应对全球环境问题，推动全球环境保护事业的发展。

# 第二章　固体颗粒物的来源及检测

## 第一节　固体颗粒物的主要来源

### 一、自然源

#### （一）土壤扬尘

土壤扬尘的产生过程通常与风力的作用密切相关。在干旱或半干旱地区，土壤表面由于缺乏足够的植被覆盖，容易干燥并形成松散的颗粒物。这些松散的颗粒物在风的吹拂下被带入空气中，形成尘土。尤其在风速较大的情况下，土壤表面的小颗粒会被卷起并悬浮在空中，造成严重的扬尘现象。扬尘不仅会影响空气质量，还会对人类健康产生负面影响，尤其是呼吸系统。

在干旱和半干旱地区，土壤的干燥程度和风速通常较高，这些地区的土壤容易形成扬尘源。例如，沙漠地区和戈壁地区的土壤由于长期缺乏植被覆盖和水分，往往容易成为扬尘的主要来源。这些地区的风力将土壤表层的颗粒物吹散到空气中，从而影响周边的环境和人类生活。通过对这些地区的土壤特性和风速进行研究，可以更好地理解土壤扬尘的形成机制，并制定相应的防治措施。

在一些农田和牧场，过度的耕作和放牧也会导致土壤表面的松散和侵蚀。这种情况在长期未进行合理管理的土地上更加明显。当农田或牧场的土壤遭到过度耕作或过度放牧时，土壤表面会变得更加易于被风侵蚀，形成扬尘源。研究发现，合理的土地管理和保护措施，如轮作、植被恢复和土壤保护，可以有效减少土壤扬尘的产生，从而改善空气质量和土壤健康。

在某些特定的气象条件下，土壤扬尘现象可能会更加严重。例如，在干旱季节，气温升高和降水量减少会导致土壤更加干燥，从而增加空气中扬尘的浓度。此外，一些气象现象，如强风和沙尘暴，也会显著增加土壤扬尘的浓度。沙尘暴是由强风引发的，通常会将大量的土壤颗粒物吹送到空气中。对这些气象现象的监测和预警，可以有效降低土壤扬尘对环境的影响。

土壤扬尘不仅对环境造成影响，还可能对人体健康产生不良影响。悬浮在空气中的颗粒物可能会被人吸入，引发呼吸系统疾病，如哮喘、支气管炎和肺炎等。此外，长期暴露在高浓度的扬尘环境中，还可能增加患心血管疾病和癌症的风险。对居民和工人来说，在高扬尘地区的健康监测和保护措施是至关重要的。采取适当的防护措施，如佩戴口罩和减少户外活动，可以降低扬尘对人体健康的危害。

### （二）植物花粉

植物花粉的产生和释放是植物繁殖过程中的关键环节，花粉通过空气传播到达其他植物的雌蕊，以完成授粉。这一过程对于植物的繁衍和生态系统的维持具有重要意义。然而，植物花粉的释放也会导致空气中颗粒物的增加，从而对环境和人体健康产生一定的影响。

不同植物种类的花粉释放时间和方式各不相同，一般来说，花粉释放的高峰期集中在春季和秋季，这与许多植物的开花期有关。在这些时期，空气中花粉浓度通常较高。花粉颗粒在空气中悬浮，随着风的传播，可以在较远的距离上影响环境。这些悬浮的花粉颗粒不仅会影响空气质量，还可能对人类健康产生负面影响，特别对过敏体质的人群而言。

不同植物花粉的特性有所不同，这也让它们对环境和健康的影响不同。例如，某些植物的花粉较大且黏性强，不容易悬浮在空气中，而一些植物的花粉较小且轻盈，容易在空气中漂浮较长时间。常见的花粉来源包括树木（如松树、桦树）、草类（如小麦、玉米）及杂草（如蒿类、豚草）。这些植物的花粉在不同的季节和气候条件下都会有不同的释放模式，从而影响空气中颗粒物的浓度。

植物花粉对空气质量的影响在城市和工业区尤其显著。城市中的绿地和植物园区虽然为城市环境提供了绿化和美化，但也可能成为花粉的来源。在这些区域，植物花粉的浓度可能会增加，从而对城市居民的健康产生影响。例如，在花粉高峰期，空气中的花粉浓度增加，可能会导致过敏反应，出现如打喷嚏、流鼻涕、眼睛发痒等症状，尤其对过敏性鼻炎和哮喘患者影响更大。因此，了解花粉的释放模式和浓度变化，对于城市空气质量管理和公共健康保护具有重要意义。

不同人群对花粉的敏感程度不同，过敏体质的人群容易受到花粉的影响。地域因素也会影响花粉的浓度和分布。例如，在温暖湿润的气候条件下，植物的生长和花粉释放会更加旺盛，从而导致花粉浓度的增加。相反，在寒冷干燥的气候条件下，花粉的释放量通常较少。因此，不同地区和气候条件下的花粉浓度变化也需要进行科学的监测和分析，以制定相应的防护措施。

对植物花粉的研究不仅可以帮助理解其对空气质量的影响，还可以促进对过敏症的预防和治疗。科学家们通过分析花粉的种类、浓度和分布，能够提供有关花粉季节性变化和健康风险的信息。这些信息可以帮助过敏患者做好相应的防护措施，如在花粉高峰期减少外出、使用空气净化器等。此外，了解花粉的种类和浓度变化，还能为公共卫生部门提供参考，制定针对性的空气质量改善措施和健康保护策略。

### （三）细菌

细菌作为固体颗粒物的自然源之一，对环境和空气质量产生了显著的影响。细菌是一类广泛存在于自然界中的微生物，它们在土壤、水体、大气及生物体内都可以被找到。细菌通过各种方式进入空气中，从而成为空气中的固体颗粒物的一部分，这一过程对环境和人体健康具有重要的影响。

在自然环境中，细菌主要通过空气传播进入大气。这些细菌可以附着在土壤颗粒、植物叶片或其他微小颗粒物上，被风力吹散并悬浮在空气中。细菌的释放通常与环境条件有关，如温度、湿度和风速等。在干燥和风大的条件下，土壤和植物上的细菌更容易被扬起并进入空气中。此外，某些环境条件下的细菌群体会释放大量的孢子或其他细小的颗粒，这些颗粒在空气中停留的时间较长，增加了它们被吸入人体的风险。

细菌的空气传播在城市和农业区域也有所体现。例如，在城市环境中，建筑工地、道路灰尘和废物处理设施等地方可能会释放细菌及其代谢产物到空气中。在农业区域，畜禽养殖场和农业生产活动也会释放大量的细菌和相关颗粒物。例如，在动物粪便和农业废弃物的处理过程中，细菌可以通过风力和机械干扰释放到空气中，从而对周围环境造成影响。

细菌在空气中的存在不仅与环境条件有关，还与其自身的特性和生活习性有关。细菌的种类和数量在不同环境条件下会有所变化。某些细菌具有较强的适应能力和耐受性，能够在恶劣的环境条件下生存并繁殖。例如，耐旱细菌可以在干燥的环境中长期存活并释放到空气中，而耐寒细菌则能在寒冷环境中继续存活。这些细菌通过空气传播可能对空气质量产生影响，尤其在细菌数量较多或浓度较高的情况下。

细菌颗粒物被吸入人体后，可能会引发一系列健康问题。对于免疫系统较弱的人群，如儿童、老年人和免疫系统受损者，细菌颗粒物可能引发呼吸系统疾病，如支气管炎、肺炎和哮喘等。某些致病性细菌的存在可能会导致更严重的健康问题，如细菌性肺炎或传染病。因此，了解细菌在空气中的分布和浓度，对于公共健康保护具有重要意义。

科学研究表明，细菌对空气质量的影响不仅涉及直接的健康风险，还可能与环境变化和气候条件有关。例如，气候变化可能导致温度和湿度的变化，从而影响细菌的繁殖和传播模式。气候变化带来的极端天气事件，如暴雨和干旱，可能会加快细菌的释放和传播。因此，研究细菌在空气中的行为和影响，有助于理解环境变化对细菌传播的影响，并为制定有效的环境管理和健康保护措施提供依据。

## 二、人为源

### （一）固定源

固定源是固体颗粒物的重要来源，涵盖了各种燃料的燃烧过程，这些过程包括发电、冶金、石油炼制、化学工业、纺织印染等多个工业环节。在这些行业中，固体颗粒物产生的主要源头是燃煤、燃气和燃油等燃料的燃烧。每一个燃烧过程都可能释放大量的烟尘和颗粒物，这些颗粒物对空气质量和环境健康有着深远的影响。

发电过程中的固体颗粒物排放尤为显著。火力发电厂在燃烧煤炭时，燃料中的矿物质成分，如硫、氮和灰分，会在燃烧过程中转化为细小的颗粒物，这些颗粒物随烟气排放到大气中。煤炭燃烧产生的灰分和煤灰是主要的固体颗粒物来源之一，这些颗粒物不仅对空气质量产生影响，还可能在设备运行时对设备造成腐蚀和损害。为了减少固体颗粒物的排放，现代火力发电厂通常会安装烟尘过滤装置，如静电除尘器和布袋除尘器，以捕捉和处理在燃烧过程中产生的颗粒物。

在冶金工业中，固体颗粒物的来源主要是高温炉料的熔炼和金属冶炼过程中产生的烟尘和飞灰。例如，在钢铁生产过程中，铁矿石和煤炭在高温炉中冶炼时会产生大量的烟尘，这些烟尘中含有细小的金属颗粒和矿物颗粒，这些颗粒物会被释放到空气中，对周围环境造成污染。此外，冶金工业还会产生一些有害的金属颗粒，如铅、锌和镉等，这些颗粒物可能对环境和人类健康造成更为严重的威胁。

在石油炼制过程中，石油产品的分馏和裂解会产生大量的气体和颗粒物。石油化工厂在生产过程中，特别在高温高压条件下，可能会释放出一些细小的油烟颗粒，这些颗粒物含有复杂的有机化合物，会对空气质量产生影响。为了降低颗粒物的排放，石油化工厂通常会采取一系列控制措施，如安装烟气脱硫装置和进行废气处理。

化肥、药品、塑料和其他化学品的生产过程涉及大量的原料和中间体的处理和转化，这些过程可能产生一些细小的粉尘和颗粒物。这些颗粒物中可能含有化学反应中的副产物、未反应的原料及其分解产物等。在化学工业中，通常会采取严格的废气处理和粉尘控制措施，如使用空气过滤器和封闭式生产系统。

在纺织品的印染过程中，染料、助剂和其他化学物质的使用会产生一定的粉尘和颗粒物。此外，在纺织品的加工过程中，织物的磨损和切割也会释放出一些细小的纤维颗粒，这些颗粒物会进入空气中，影响空气质量。为减少这些颗粒物的排放，纺织印染厂通常会采取除尘和废气处理措施，如使用集尘器和废气回收装置。

供热和烹调过程中的固体颗粒物排放也不容忽视。在住宅和商业建筑中，燃煤、燃气和燃油的供热系统可能会产生一定量的烟尘和颗粒物。特别是在燃煤取暖的过程中，煤的燃烧会释放出大量的灰分和煤尘，影响室内外空气质量。在烹调过程中，尤其在高温油炸或煎炸的过程中，油烟中也会产生一些细小的颗粒物，这些颗粒物可能会对空气质量和人体健康产生负面影响。

为了控制固定源产生的固体颗粒物，相关行业和部门通常会制定严格的排放标准和控制措施。通过优化燃烧过程、改进工艺技术、安装先进的废气处理设备等方式，可以有效减少固体颗粒物的排放。与此同时，提高公众对固体颗粒物影响的认识，并采取相应的防护措施，也是减少固体颗粒物对健康和环境产生影响的重要途径。

## （二）流动源

流动源作为固体颗粒物的重要来源，主要包括各类交通工具在运行过程中使用燃料燃烧时向大气中排放的尾气。这些交通工具包括汽车、卡车、摩托车、船舶、飞机等，其排放的尾气中含有大量的固体颗粒物，这些颗粒物对空气质量和人体健康产生了广泛而深远的影响。

汽车在燃烧汽油或柴油时，会产生大量的废气，其中包含有机化合物、氮氧化物、二氧化碳及固体颗粒物。柴油车特别容易产生固体颗粒物，因为柴油在燃烧过程中产生的颗粒物较多，这些颗粒物包括未完全燃烧的碳粒和一些金属微粒。随着汽车的普及，尤其在城市区域，交通流量的增加导致汽车排放的颗粒物浓度不断上升，严重影响城市的空气质量。

摩托车作为另一类流动源，也会产生固体颗粒物。摩托车的发动机燃烧效率通常不如汽车，尤其在老旧摩托车中，这种情况更加明显。摩托车排放的尾气中同样含有较高浓度的固体颗粒物，这些颗粒物可能会随着风力扩散到周边环境，对空气质量产生影响。尤其在交通繁忙的城市中，摩托车的数量众多，其尾气排放的固体颗粒物对空气污染的贡献也不可忽视。

船舶在长途航行和港口操作中也会排放大量的固体颗粒物。船舶通常使用柴油发动机，柴油在燃烧过程中产生的烟气中含有大量的颗粒物和其他污染物。在航行过程中，船舶排放的废气可以覆盖大面积的海域，影响海洋和沿岸地区的空气质量。特别是在大型港口城市和海上航道密集的地区，船舶尾气的排放对局部和区域空气质量的影响较为显著。

飞机发动机的燃烧过程复杂，尤其在高速、高温条件下，燃烧不完全时会产生较多的固体颗粒物。这些颗粒物会随飞机排放的尾气被释放到大气中，可能会对机场周围和航行路径上的空气质量产生影响。随着航空交通的增加，飞机排放的颗粒物对整体空气质量的影响也在增加，尤其在高密度的航线和大型机场区域。

流动源的固体颗粒物排放不仅对空气质量产生影响，还对人类健康带来了潜在风险。固体颗粒物特别是粒径较小的细颗粒物（如 PM2.5）能够深度进入呼吸系统，甚至是肺部、血液中，引发一系列健康问题，如呼吸道感染、哮喘、支气管炎、心血管疾病等。长期暴露在高浓度的固体颗粒物环境中，还可能增加癌症的风险，尤其是肺癌。因此，降低交通工具排放的固体颗粒物对于保护公众健康至关重要。

为了应对流动源带来的固体颗粒物排放问题，许多国家和地区已经制定了严格的排放标准和法规。现代汽车制造商在设计和生产汽车时，通常会考虑减少尾气中的颗粒物排放，例如，通过使用高效的排气过滤装置和改进燃烧技术。许多城市还鼓励使用新能源车辆，如电动汽车和混合动力车，这些车辆的尾气排放相对较低，有助于减少空气中的固体颗粒物浓度。交通管理和城市规划也是减少固体颗粒物排放的重要措施。例如，优化交通流量、改善公共交通系统、推广绿色出行方式（如骑自行车和步行）等，都能有效降低交通工具的尾气颗粒物排放量。通过综合采取这些措施，可以减少流动源对空气质量的影响，改善环境条件，提升公众健康水平。

# 第二节　固体颗粒物的划分标准

## 一、一级标准

一级标准在固体颗粒物浓度划分中通常表示颗粒物浓度极低，对环境和人体健康的影响最小。这种标准一般应用于自然保护区、空气质量良好的地区，以及环境保护要求严格的区域。固体颗粒物的浓度远低于一般的环境标准，从而确保空气质量保持在一个非常优良的状态。

在自然保护区，一级标准的实施尤为重要。自然保护区通常涵盖生态系统较为完整、自然环境保护要求较高的地区。在这些地区，维持空气的清洁度对于保护自然生态系统和生物多样性至关重要。由于自然保护区内的植被覆盖丰富，土壤保持良好，空气中的固体颗粒物浓度自然较低。因此，一级标准在这些地区的应用，旨在确保空气质量保持在极高的水平，避免人为活动对自然环境造成污染。空气质量良好的地区也通常符合一级标准。这是因为这些地区固体颗粒物的来源较少，污染控制措施得到了有效实施。城市和工业区的废气排放控制相对严格，交通管理、工业生产及其他污染源的控制措施较为到位。这些地区的空气质量通常通过高效的监测系统进行实时监控，确保固体颗粒物的浓度持续保持在最低水平。

一级标准不仅关注颗粒物的浓度，还涉及对空气质量的长期监测和评估。为了维持空气质量在一级标准水平，需要对固体颗粒物进行连续的监测，并对可能的污染源进行有效管理。这包括定期检查空气质量，分析颗粒物的来源，评估污染控制措施的效果等。通过科学的数据和监测结果，可以及时发现和解决潜在的污染问题，从而保持空气质量的优良状态。

在一级标准区域，通常还会采取一些积极的保护措施，以进一步降低固体颗粒物的浓度。例如，自然保护区可能会限制人类活动，如禁止重型机械作业、减少游客的活动等，以免对空气质量产生潜在影响。在城市和工业区，可能会加强车辆排放的控制，推广绿色能源和清洁技术，减少对环境的污染。这些措施共同作用，以确保空气质量维持在一级标准的水平。一级标准的区域还通常会进行公众教育和意识提升活动，鼓励社区居民和相关部门共同参与环境保护。通过提高公众对空气质量重要性的认识，促使大家积极参与减少污染源的控制，如减少燃煤取暖、支持公共交通等。公众的积极参与和配合对于维持空气质量的良好状态至关重要。

## 二、二级标准

二级标准是固体颗粒物浓度划分中的一个重要级别，适用于大部分城市和工业区。这个标准设定了颗粒物浓度的控制范围，旨在保障公众健康，维护良好的空气质量。在城市化和工业化进程中，固体颗粒物的浓度普遍较高，因此，二级标准为这些区域提供了一个相对较高的空气质量要求，以平衡环境保护和经济发展之间的关系。

在大多数城市，固体颗粒物的浓度会受到交通、工业排放、建筑施工等多个因素的影响。城市中密集的交通活动，尤其是大量的机动车辆尾气的排放，往往是固体颗粒物的重要来源。交通尾气中的颗粒物可能对空气质量造成显著影响，因此，二级标准通过规定合理的颗粒物浓度范围，旨在减轻这些污染源对城市环境的负面影响。此外，城市中的工业区通常也会产生较多的固体颗粒物，如工业排放的烟尘、灰分及其他污染物，同样会对空气质量构成威胁。因此，二级标准要求这些区域采取有效的控制措施，以保持空气质量在一定范围内，保障公众健康。

在实施二级标准的过程中，城市和工业区需要采取一系列措施来控制固体颗粒物的浓度。这包括加强对排放源的管理，如对机动车辆进行定期检验、控制工业排放、限制建筑施工中的粉尘产生等。通过技术改进和管理措施，可以有效减少颗粒物的排放。例如，许多城市已开始推广使用低排放车辆、更新旧有的工业设备、使用高效的空气过滤装置等，以降低固体颗粒物的排放。

除了技术和管理措施，二级标准的实施还需要通过监测和评估来确保效果。城市和工业区通常会设立空气质量监测站，实时检测固体颗粒物的浓度，分析其变化趋势。这些监测数据可以帮助相关部门了解颗粒物的来源，评估控制措施的效果，并及时调整相关政策和措施。通过科学的数据分析，可以更准确地掌握空气质量状况，从而采取相应的改进措施，保持颗粒物浓度在二级标准的范围内。

在公众健康方面，二级标准为居民提供了一定的保护，但仍然需要公众的配合与支持。城市居民可以通过减少私家车的使用、支持公共交通、采取绿色生活方式等方式来减少个人对空气质量的影响。此外，工业区的工人和居民应了解空气质量对健康的潜在影响，并采取必要的防护措施，如佩戴口罩、减少户外活动等。公众的积极参与和配合对于实现二级标准的目标至关重要。

在二级标准的指导下，许多城市和工业区还会开展环境教育和宣传活动，提高公众对空气质量和健康的认识。通过教育和宣传，可以增强公众的环保意识，促使他们积极参与改善空气质量的行动中。同时，政府和相关部门也应加强对污染源的监管，确保相关法规和标准的执行，从而更好地维护空气质量。

## 三、三级标准

三级标准针对特定工业区或高污染地区，对固体颗粒物的浓度控制提出了更为严格的要求。这一标准通常适用于那些颗粒物浓度较高、污染问题严重的区域，其目标是将颗粒物浓度降到最低可行水平，以保护公众健康并改善空气质量。对于这些区域，实施三级标准的必要性源于其特有的高污染特征和对环境的显著影响。

在特定的工业区，尤其是重工业和制造业集中的地区，固体颗粒物的排放通常较为严重。在工业生产过程中，大量的燃料燃烧、原料处理和加工工艺往往会产生大量的固体颗粒物。这些颗粒物包括煤灰、矿石粉尘及各种生产副产品的粉尘。这些地区的工业活动密集，污染源多且复杂，使颗粒物的浓度常常超出一般的环境标准。因此，三级标准的实施旨在对这些区域施加更为严格的污染控制措施，以降低颗粒物的排放和浓度，从而减轻对环境和公众健康的影响。

在高污染地区，固体颗粒物的浓度往往受到多种因素的影响，包括交通密集、建筑施工频繁及其他污染源的存在。这些区域通常由于经济发展速度较快、城市化进程加快，导致固体颗粒物的排放量增加。为了应对这些挑战，三级标准要求采取最严格的控制措施，以将颗粒物浓度降到最低水平。具体措施包括对污染源的严格监管、强化废气处理设施的运作、采用更为高效的颗粒物捕集和净化技术等。这些措施旨在减少颗粒物的排放，保护居民的健康。

实施三级标准的过程中，技术和管理手段的运用是关键。需要对污染源进行详细的排查和评估，确定主要的固体颗粒物排放源，并采取相应的控制措施。例如，工业区可能需要升级或改造现有的废气处理系统，采用先进的过滤和净化技术，以提高颗粒物的去除效率。对于交通密集的区域，可能需要引入更严格的排放标准，推广清洁能源车辆，改进交通管理系统等，以减少交通源的颗粒物排放。在管理方面，三级标准的实施通常需要各级政府部门、企业和公众的共同参与。政府部门需要制定和实施严格的法规和标准，进行定期检查和监督，确保各项污染控制措施的有效落实。企业则需要配合政府的要求，进行技术升级和管理改进，减少污染物的排放。同时，公众的参与也至关重要，公众可以通过减少对污染源的依赖、支持绿色出行和参与环保活动等方式，帮助降低颗粒物的浓度。

长期以来，三级标准的实施不仅仅是针对现有的污染问题，还涉及对未来污染趋势的预测和预防。通过实施严格的控制措施，可以在一定程度上改善空气质量，并为未来的发展奠定良好的基础。例如，通过优化城市规划和工业布局，减少高污染区域的扩展，提升环境质量。此外，科技创新也是解决高污染问题的重要途径，研发和推广新技术、新材料，能够有效减少固体颗粒物的产生和排放。

虽然三级标准的实施面临诸多挑战，但其重要性和必要性不容忽视。通过严格控制和管理，可以有效地减少固体颗粒物对环境和健康的影响，为居民提供一个更清洁、更健康的生活环境。在面对污染问题时，三级标准提供了一个明确的方向和标准，有助于在高污染地区实现显著的环境改善目标。

## 四、四级标准

四级标准针对污染非常严重的情况，其主要目的是在空气质量极度恶劣的情况下，通过采取紧急措施来降低固体颗粒物的浓度。这一标准通常在空气污染达到极端程度时启动，以应对严重的环境和健康危机，保障公众的健康和生命安全。

在四级标准的实施背景下，固体颗粒物的浓度通常会达到非常高的水平，这种情况可能源于极端气象条件、突发的污染事件或长期的污染积累。例如，在某些极端天气事件如沙尘暴、严重雾霾天气等情况下，固体颗粒物的浓度会迅速升高，超出正常控制范围。普通的污染控制措施往往难以奏效，因此需要启动四级标准，采取一系列紧急应对措施，以迅速降低颗粒物的浓度，减轻对环境和公众健康的冲击。

实施四级标准时，通常会采取一系列迅速而有效的措施，包括限制污染源、实施交通管制、启动应急响应机制等。针对固体颗粒物的主要来源，如工业排放、交通尾气等，可能会采取紧急停产、减少运营、限制交通等措施，以迅速降低污染物的排放。这些措施旨在减少污染源的排放量，从而在短时间内降低空气中的颗粒物浓度。在四级标准启动时，可能会加强对污染源的监测和数据分析，实时掌握颗粒物浓度的变化趋势和主要来源。这些监测数据可以帮助工作人员及时调整应急措施，并评估各种控制措施的效果。同时，政府和相关部门也会发布公众预警，提醒居民采取相应的防护措施，如减少户外活动、使用空气净化器、佩戴防尘口罩等，以减少固体颗粒物对健康的影响。

在四级标准下，政府部门通常会协调多方面的资源和力量，合力应对污染危机。这可能包括调动应急管理部门、环保部门、医疗机构等，制订和实施详细的应急预案。例如，可能会设立临时的空气质量监测站，增加空气质量检测的频次，确保数据的准确性和及时性。同时，还可能会启动环境清理和恢复行动，如对污染区域进行清扫、增设绿化带等，以改善局部区域的空气质量。

四级标准的实施还可能涉及公共卫生领域的紧急响应。对于空气质量极度恶劣的情况，医院和医疗机构需要准备好应对相关的健康问题，如呼吸道疾病的急诊和治疗。此外，政府可能会提供相关的医疗支持和咨询服务，帮助公众应对空气污染带来的健康风险。通过这些措施，可以有效减轻污染对居民健康的影响，保障公众的生命安全。

在四级标准实施后的恢复阶段，政府和相关部门通常会对污染事件进行总结和评估，分析其原因和影响，总结经验教训，以改进未来的应急响应措施。此外，还会继续推动长远的污染治理和环境保护工作，减少未来类似污染事件的发生。通过系统的评估和改进，可以提升对极端污染事件的应对能力，进一步提高环境治理水平。

## 第三节　固体颗粒物在大气中的分布与迁移

### 一、固体颗粒物在大气中的分布

#### （一）气候条件

气候条件在固体颗粒物在大气中的分布中扮演着重要角色。温度、湿度和降水等气候因素对颗粒物的输送、沉降及整体空气质量具有显著影响。这些因素不仅影响颗粒物的浓度，还决定它们在空气中的存在时间和分布模式。

在温暖的气候条件下，空气的上升运动通常比较强，这种上升气流可以将地面的颗粒物带到高空，促进其在大气中的传播。高温还会促进空气中水分的蒸发，增加空气的相对湿度。湿度的增加会影响颗粒物的行为，因为湿润的空气可以使某些颗粒物吸湿膨胀，变得更重，从而更容易沉降。相对来说，温暖潮湿的环境往往有利于颗粒物的沉降，因为水分的存在可以增强颗粒物的凝结作用，使其更快地从空气中沉降到地面。这种沉降效应对于减少空气中颗粒物的浓度和改善空气质量具有积极作用。

湿度对颗粒物的影响也体现在湿润条件下颗粒物的物理化学特性的变化。当空气湿度增加时，颗粒物表面可能会吸附水分，形成液滴，这种现象会导致颗粒物的体积增大、质量增加，从而促进其沉降。相反，在干燥的气候条件下，空气中的湿度较低，颗粒物可能保持较小的尺寸和质量，因而更容易在空气中悬浮，延长其在大气中的存在时间。在这种干燥条件下，颗粒物更易于被风吹动，导致颗粒物的扩散范围更广。

降水，特别是雨水，可以通过湿沉降过程将大气中的颗粒物带到地面。在降雨过程中，雨滴会捕捉空气中的固体颗粒物，使其从空气中沉降下来，这种现象被称为“雨洗效应”。降水的强度和持续时间会直接影响颗粒物的沉降效率。较大的降水量通常会带来更显著的颗粒物去除效果，加快降低空气中的颗粒物浓度。此外，降雪也有类似的效果，雪花在降落过程中可以捕捉大气中的颗粒物，从而减少颗粒物的浓度。

由于降水稀少，空气中的颗粒物不容易通过湿沉降的方式去除，导致颗粒物在空气中长时间悬浮。干燥的气候还可能伴随较高的风速，这会扩大颗粒物的传播范围。风速较高时，颗粒物更容易被风吹起，扩大其分布范围。固体颗粒物的扩散会影响较远的地区，可能导致大范围的空气污染，影响多个区域的空气质量。

### (二) 地理位置

地理位置对固体颗粒物在大气中的分布具有重要的影响，城市和工业区通常是大气中颗粒物浓度较高的地区。这主要是因为这些区域的工业生产、交通运输和生活排放等人为活动非常集中，这些人为活动会导致大量的固体颗粒物释放到空气中。在城市中，密集的建筑、繁忙的交通和高度的工业化使颗粒物排放源丰富，导致空气中颗粒物浓度的显著增加。工业生产过程中的燃料燃烧、原材料加工及废气排放，都是固体颗粒物的重要来源。此外，城市交通密集，汽车、卡车等机动车辆的排放也是颗粒物的主要来源之一。生活排放，如家庭取暖、烧烤等活动，也会释放一定量的颗粒物。

工业区同样面临着颗粒物浓度较高的问题。这些区域集中了大量的工业设施，工业生产过程中产生的废气、粉尘和烟雾等都会释放大量的颗粒物。尤其在重工业区，如冶金、化工、矿业等集中地区，大气中的颗粒物浓度显著增加。这些工业活动不仅会直接释放固体颗粒物，还可能在加工和处理过程产生大量的副产品和废料，这些废料可能会以粉尘的形式悬浮在空气中，进一步增加空气中的颗粒物浓度。

地理位置的不同还会对固体颗粒物的分布产生影响。城市和工业区废气的高密度排放不仅提升了这些地区的颗粒物浓度，还可能导致污染物的积累和长期存在。空气质量监测数据显示，城市和工业区颗粒物的浓度通常高于其他地区，因此，这些区域需要被特别关注和加强空气污染控制措施。

地形条件同样对颗粒物的分布产生重要影响。山脉、流域等地形地貌能够影响颗粒物的输送和沉降。山脉和丘陵会对空气流动产生阻挡作用，使颗粒物的浓度在这些区域增加。例如，当空气流经山脉时，颗粒物可能被抬升到较高的大气中，但在山脉背风侧，颗粒物可能会因为气流减缓和停滞而沉积。山区的地形特征可能使某些区域成为颗粒物的汇集地，导致这些区域的空气质量较差。

在流域地区，空气流动的路径和速度会受到地形的影响。流域内的低洼地区通常会积聚大量的颗粒物，这些区域可能因为地势低而成为颗粒物的沉降区。由于低洼地区的空气流动相对缓慢，颗粒物在这些区域的沉积速度可能较快，从而使这些区域的颗粒物浓度较高。

城市周边的地形特征也会对颗粒物的分布产生影响。例如，城市周围的丘陵和山脉可能会导致城市内颗粒物的积聚，造成局部地区的空气质量问题。在某些情况下，城市的空气污染可能被山脉阻挡，导致污染物在城市周边积聚，从而影响城市以外的区域。通过对地理位置和地形条件的深入研究，可以更好地理解颗粒物的分布特征，为制定有效的空气质量管理政策提供科学依据。

## 二、固体颗粒物在大气中的迁移

### (一) 风力扩散

对于固体颗粒物在大气中的迁移，风力扩散是一个重要的因素。大气中的风力是由水平气压梯度力、摩擦力、地球自转产生的偏向力和空气的惯性离心力这四种水平方向的力的合力决定的。风力的大小和风向这两个因素对固体颗粒物的扩散迁移有着直接的影响。

风速指的是单位时间内风的流动距离。风速越大，空气的流动速度越快，这会对大气中的固体颗粒物产生明显的扩散效果。较大的风速可以使空气中的颗粒物在更广泛的区域内迅速扩散，从而稀释颗粒物的浓度。风速的增加有助于减少污染物在特定区域的浓度，因为风将污染物从源头吹向更远的地方，导致污染物在空气中的分布变得更加稀疏。风速较低时，污染物扩散的速度会变慢，颗粒物在空气中的浓度可能较高，这会导致空气质量较差。

风向的确定是根据风的来向定义的，即风从哪个方向吹来。风向对颗粒物的迁移有着直接影响，决定了颗粒物将被吹向哪个方向。当风从某个方向吹来时，它会将大气中的固体颗粒物沿风向传播。风向的变化可以影响颗粒物在大气中的分布模式，影响污染物的输送路径和范围。如果风向保持稳定，颗粒物将沿着固定的风向进行迁移，这可能导致某些区域的污染物浓度增加，而其他区域的污染物浓度相对较低。

风力对污染物的扩散迁移作用主要体现在两个方面。风力具有稀释和冲淡污染物的作用。由于风速的增加可以加快颗粒物的稀释速度，从而降低空气中的污染物浓度，使污染物在大气中的分布更加均匀。风速越大，颗粒物在空气中的扩散和稀释速度就越快，从而使污染物的浓度在下风向区域更低。这种稀释作用有助于缓解局部污染问题。风力对污染物的整体输送作用同样重要。风力不仅会将颗粒物从源头吹向下风向，还会影响污染物的扩散范围。较强的风力可以使颗粒物在较大的区域内扩散，从而改变污染物的空间分布。污染物能够被输送到更远的地方，影响更广泛的区域。这种整体输送作用使污染物的影响范围扩大，但也有助于将污染物从源头区域带走，减轻源头地区的污染压力。

## （二）气流扩散

气流指的是垂直方向上流动的空气，对于固体颗粒物在大气中的迁移具有重要影响。气流的强弱和发生情况直接关系着颗粒物在垂直方向上的扩散和迁移，而这一过程与大气的稳定度密切相关。大气稳定度是指大气层的稳定性或不稳定性，它决定了空气垂直运动的能力，从而影响气流的形成和强度。

在稳定的大气条件下，空气层之间的温度差异较小，这种情况下大气的垂直对流不容易发生。稳定的大气层通常意味着温度随着高度的增加变化不大，或者变化幅度很小，这使空气在垂直方向上的流动受到抑制。由于缺乏足够的对流运动，固体颗粒物的垂直扩散和迁移就会受到限制。在这种稳定的大气条件下，颗粒物会滞留在垂直方向上，不容易上升到高空或下降到地面，这可能导致颗粒物在某一高度层次的积累，造成局部颗粒物浓度增加，污染加重。稳定的大气条件通常会导致污染物的浓度在地面附近相对较高，原因是缺乏垂直的空气流动来稀释和分散污染物。

在不稳定的大气条件下，空气层之间的温度差异较大，通常会产生较强的对流运动。空气的垂直流动会增强，导致大气的对流过程变得更加剧烈。由于温度随高度的变化较大，暖空气上升并推动冷空气下沉，这种对流运动有助于固体颗粒物在垂直方向上的扩散和稀释——颗粒物能够在大气层中迅速上升到高空，或迅速下降到地面，从而降低地面附近的颗粒物浓度。这种强烈的对流作用有助于将颗粒物从源头区域迅速带离，分散到更广泛的区域，使局部空气质量得到改善。

稳定的大气条件下，由于对流运动受限，颗粒物的垂直扩散受到抑制，导致污染物浓度的积累和空气质量的恶化。相反，强烈的对流运动促进了颗粒物的垂直扩散和稀释，改善了空气质量。理解气流与大气稳定度之间的关系对于预测和管理空气污染具有重要意义。

气流扩散的作用不仅仅体现在颗粒物的垂直扩散上，还包括对污染物整体迁移的影响。而在稳定的大气条件下，由于垂直扩散受限，污染物的迁移范围也可能受到局限，导致污染物在源头附近或局部区域的浓度增加。

# 第四节　固体颗粒物的检测方法

## 一、重量法

重量法，又称重量浓度法，是一种常见且可靠的固体颗粒物检测方法。它通过使用过滤器或其他分离器收集空气中的粉尘，然后对这些粉尘称重，从而测定空气中的含尘量。该方法的基本原理是将空气中的颗粒物捕集在一个已知重量的过滤介质上，然后测量过滤介质在捕集前后的重量差异，从而计算出颗粒物的浓度。这种方法以其准确性和可靠性，被广泛应用于环境监测和空气质量的评估中。

实施重量法的第一步是选择合适的过滤器或分离器。过滤器通常由合成纤维或玻璃纤维制成，具有很好的过滤性能，能够有效捕捉空气中的固体颗粒物。根据不同的颗粒物大小和浓度要求，选择不同孔径的过滤器。对于较大的颗粒物，可以使用孔径较大的过滤器，而对于较小的颗粒物，则需要选择孔径较小的过滤器。分离器的选择也需要考虑颗粒物的性质和浓度范围，以确保测量结果的准确性。

过滤器的安装过程需要确保空气流动的稳定性。通常将过滤器安装在气流通道中，确保空气通过过滤器时，颗粒物能够均匀地被捕集在过滤介质上。安装时还需要注意密封，防止空气从过滤器的边缘泄漏，从而影响测量结果的准确性。在过滤过程中，过滤器应保持稳定的气流速度，以免由于气流波动导致颗粒物收集不均匀。在使用过滤器一段时间后，需要对其进行称重以测定颗粒物的重量。过滤器在采样前后必须称重，以获取过滤器在捕集前后的重量差异。称重操作需在干净、稳定的环境中进行，以免外界因素对称重结果产生干扰。通常使用高精度的分析天平进行称重，以确保测量的准确性。称重前后过滤器的质量差异即为捕集的固体颗粒物的质量。

重量法的优点在于其测量结果的直接性和可靠性。通过称重，能够直接获得颗粒物的质量数据。这种方法不需要复杂的化学反应或计算，可以简便地获得颗粒物的含量信息。然而，重量法也存在一定的局限性。过滤器的容量有限，当颗粒物浓度较高时，过滤器可能会很快饱和，从而需要频繁更换。过滤器的预处理和称重需要严格的操作规范。此外，过滤器的成本和维护也是需要考虑的因素。

为了克服这些局限性，常常将重量法与其他检测方法结合使用，如激光散射法、光学测量法等，以提高颗粒物检测的全面性和准确性。激光散射法通过测量颗粒物对激光束的散射程度，能够快速获取颗粒物的浓度数据，适用于实时监测。光学测量法则通过分析颗粒物对光的吸收和散射特性，提供颗粒物的浓度信息。这些方法可以与重量法相互补充，从而获得更为全面的颗粒物检测结果。

## 二、光散射法

光散射法是一种先进的固体颗粒物检测技术，是利用激光粉尘仪对空气中的颗粒物进行连续监测的。这种方法的核心在于通过激光光束的散射特性实时检测颗粒物的浓度。激光粉尘仪是现代科学技术的产物，具有新世纪国际先进水平的特点，其仪器中的内置滤膜在线采样器使检测过程更加高效和精准。该仪器不仅能够连续监测颗粒物浓度，还能收集颗粒物样本，以便进一步分析其成分，并计算出质量浓度转换系数 $K$ 值。

光散射法的基本原理是利用激光束照射到颗粒物上，颗粒物会散射激光光束。散射光的强度与颗粒物的数量和尺寸有关，通过测量散射光的强度，可以间接地计算出空气中的颗粒物浓度。激光粉尘仪的关键组件包括激光光源、光学检测系统和探测器。激光光源产生稳定的激光束，照射到空气中的颗粒物上。颗粒物对激光的散射会导致光束的强度变化，这些变化会被光学检测系统捕捉，并传递给探测器。探测器将这些光学信号转换为电信号，通过数据处理系统分析颗粒物的浓度。

激光粉尘仪的内置滤膜在线采样器在检测过程中起到了重要作用。滤膜采样器能够在连续监测颗粒物浓度的同时，收集一定量的颗粒物样本。这些样本能够用于进一步的化学分析和成分研究，帮助识别颗粒物的来源和特性。通过对采集到的颗粒物样本进行化学分析，能够了解其成分组成，从而提供更详细的污染源信息和环境健康风险评估。

在光散射法中，质量浓度转换系数 $K$ 值的计算是一个重要步骤。$K$ 值是根据实际测量的散射光强度与颗粒物质量浓度之间的关系确定的。通过对已知浓度的标准颗粒物进行测量，可以建立散射光强度与颗粒物质量浓度之间的关系模型，进而计算出 $K$ 值。这个 $K$ 值用于将光散射信号转换为实际的质量浓度，从而使检测结果更具准确性和可靠性。

光散射法的优势在于其高效和实时的监测能力。与传统的重量法相比，光散射法能够实现连续监测，无须等待样品处理和称重。这种实时监测能力对于动态环境中颗粒物浓度的变化具有很好的适应性，能够及时反映空气质量的变化趋势。此外，光散射法还能检测颗粒物的粒径分布，为研究颗粒物的来源和影响提供更多的信息。

尽管光散射法具有许多优点，但也存在局限性。由于光散射信号受到颗粒物的形状、密度和折射率等因素的影响，可能会出现测量误差。为了提高测量的准确性，需要对仪器进行定期校准，并结合其他检测方法进行综合分析。例如，可以将光散射法与重量法、化学分析法等其他技术相结合，从而提供更全面的颗粒物检测结果。通过多种方法的综合应用，可以更好地了解颗粒物的特性和影响，为空气质量管理提供科学依据。

## 三、浓度规格表比较法

浓度规格表比较法是一种经典且被广泛应用的固体颗粒物检测方法，其核心在于通过与标准浓度表进行比较，来确定环境中的颗粒物浓度。其中，林格曼提出的林格曼煤烟浓度表是一种应用较为广泛的标准工具，用于评估煤烟等固体颗粒物的浓度。

林格曼煤烟浓度表由林格曼提出，是一种视觉比较工具，主要用于评估和测量烟尘浓度。该浓度表以一定的标准图像为基础，这些图像展示了不同浓度级别的煤烟在特定背景下的视觉效果。图表中包含不同的浓度等级，每个等级对应一种烟雾的密度和浓度。这些图像经过精心设计，使不同浓度的烟雾在视觉上有显著区别，便于用户进行直观的比较。

使用林格曼煤烟浓度表进行颗粒物检测的过程相对简单。需要在检测区域内选择一个代表性的观测点，并对该点的烟雾进行视觉观察。接着，将观察到的烟雾与林格曼浓度表上的图像进行比较，确定烟雾的浓度等级。通过与标准图像的匹配，可以估算出烟雾的浓度级别，并据此评估空气中的颗粒物含量。这种方法的优点在于操作简单，易于理解，不需要复杂的仪器设备。

林格曼煤烟浓度表的设计旨在提供一种直观的检测方式，尤其适用于煤烟等工业排放的监测。它通过设定不同浓度的标准图像，使用户可以在没有复杂仪器的情况下，通过比较来获得较为准确的颗粒物浓度数据。这种方法的广泛应用不仅是因为其操作简便，还因为它能够提供一种快速评估空气质量的方法。

尽管林格曼煤烟浓度表在颗粒物检测中具有一定的优点，但由于该方法依赖于视觉观察，结果可能会受到观测者主观判断的影响，造成测量结果的不一致。不同的人在比较烟雾浓度时，可能会由于主观因素产生差异，从而影响测量的准确性。林格曼浓度表主要用于煤烟等颗粒物的检测，对于其他类型的颗粒物或气体污染物，其适用性可能受到限制。不同类型的颗粒物具有不同的光学特性和沉降行为，可能无法通过相同的视觉标准准确评估。林格曼煤烟浓度表的使用通常需要结合其他检测方法进行综合分析。例如，可以与重量法、光散射法等检测技术结合使用，从而提高颗粒物检测的全面性和准确性。

## 四、光度测定法

光度测定法是一种用于固体颗粒物检测的技术，通过测量光线在含尘气体或水中的透射或散射强度来确定颗粒物的浓度。这种方法的基本原理是利用光的反射和散射现象来间接测量气体或水中颗粒物的含量。光度测定法在环境监测、工业排放控制及空气质量评估等领域得到了广泛应用。

光度测定法的实施过程通常包括以下步骤。①需要选择合适的光源和检测系统。光源提供一定强度的光线，可以是激光、白光或其他类型的光源。光线通过待测气体或水样本时，颗粒物会对光线产生反射和散射现象。②被颗粒物影响的光线会被光电器件（如光电探测器）检测，以测量光线的透射强度或散射强度。③将这些强度数据与标准光度进行比较。

在光度测定法中，有两种主要的光线测量方式。一种是透射光测量，另一种是散射光测量。透射光测量是指光线经过含尘气体或水样本后，测量透射光的强度。颗粒物会阻碍光线的透过，从而导致透射光强度的降低。通过测量透射光强度的变化，可以估算气体或水中的颗粒物浓度。当光线照射到含尘气体或水样本时，颗粒物会对光线产生散射现象。光电探测器可以捕捉到散射光的强度，通过分析散射光的强度变化，来推算颗粒物的浓度。

光度测定法的一个重要优点是它能够提供连续的实时监测数据。与一些传统的检测方法相比，光度测定法不需要复杂的样本处理过程，可以快速获得颗粒物的浓度信息。这种实时监测能力对于动态环境中颗粒物浓度的变化非常有用。此外，光度测定法还具有较高的灵敏度，能够检测较低浓度的颗粒物，并且适用范围广泛，可以用于不同类型的颗粒物检测。

然而，光线的散射和透射特性受到颗粒物的大小、形状和折射率等因素的影响，可能导致测量误差。此外，光度测定法对于不同类型的颗粒物可能存在差异，特别是当颗粒物的光学特性差异较大时，可能会影响测量结果的准确性。例如，可以将光度测定法与重量法、光散射法等其他技术结合使用。在应用光度测定法时，还需要注意一些操作细节。例如，样本的准备和处理应尽可能减少对光线的干扰，确保光源的稳定性和探测器的灵敏度。此外，实验环境的控制也非常重要，应尽量避免外界光线对测量结果的影响。

## 五、粒子计算法

粒子计算法是一种用于固体颗粒物检测的技术，其原理是通过测量空气中粉尘的粒子数目来估算颗粒物的浓度。这种方法需要将已知体积的空气样本中的粉尘沉降在透明的表面，然后在显微镜下进行详细的粒子计数。通过统计颗粒物的数量，可以推算出每立方厘米空气中的粒子数目，并进一步换算成含尘浓度。这个方法在环境监测、空气质量评估及工业排放控制等领域中有着重要的应用。

实施粒子计算法，首先需要采集空气样本。这一过程通常使用专门的采样装置，如空气采样器，将一定体积的空气通过装置进行过滤或沉降。采集样本后，将粉尘沉降在一个透明的表面上，常用的表面包括玻璃片或透明的塑料板。为了确保粒子计数的准确性，采样时应尽量减少外界干扰，并确保样本的代表性。

接下来，使用显微镜对沉降在透明表面上的粉尘进行观察和计数。显微镜可以放大样本，使每一个尘粒都清晰可见。在显微镜下，可以通过目测或使用自动化计数系统进行尘粒统计。这些计数结果为工作人员提供了每立方厘米空气中的颗粒物数量，从而可以计算出样本的含尘浓度。

运用粒子计算法，通常需要将粒子数目换算成具体的浓度值。常用的换算方式是将每立方厘米的粒子数与标准浓度值进行对比。例如，如果每立方厘米空气中有 500 个尘粒，这通常相当于在标准状态下每立方米空气中的含尘浓度为 2 毫克。如果每立方厘米的粒子数达到 2000 个，则相当于每立方米的含尘浓度为 10 毫克。而如果每立方厘米的粒子数增加到 20000 个，则换算得到的含尘浓度约为每立方米 100 毫克。这些换算值为评估空气质量提供了直观的参考。

粒子计算法的一个重要优点是直接性和精确性。通过显微镜直接对颗粒物进行计数，可以获得详细的颗粒物数量信息，这种方法适用于需要高精度的颗粒物检测场合。与其他检测方法相比，粒子计算法能够提供更加具体的颗粒物数量数据，从而帮助工作人员进行深入的分析和研究。

然而，显微镜下的颗粒物计数是一个时间密集型过程，尤其当样本中的颗粒物数量较多时，计数工作可能非常烦琐。粒子计算法依赖于样本的准确沉降和显微镜的高分辨率，任何不准确的操作都可能导致测量结果的偏差。此外，粒子计算法对于颗粒物的形状和光学特性敏感，不同类型的颗粒物可能会影响计数结果的准确性。

# 第三章 森林生态系统的颗粒物过滤机制

## 第一节 森林树木叶面的颗粒物截留

### 一、森林树木叶面颗粒物截留的作用

#### (一)改善空气质量

树木的叶片因其表面结构和生理特性，能够有效地截留空气中的颗粒物，进而降低大气中的污染物浓度。这一过程不仅对改善局部空气质量具有积极意义，同时也对全球空气质量和生态环境的保护起到了关键作用。

树木的叶片常常具有较大的表面积和特殊的表面纹理，这些特征使其能够有效捕捉空气中的颗粒物。叶片的气孔、绒毛、表面粗糙度等微观特征，能够增加颗粒物与叶片表面的接触面积，从而提高其截留能力。气孔的存在不仅增加了空气与叶片的接触机会，还可能引导空气流动，从而促进颗粒物的沉积。

树木叶面的颗粒物截留作用不限于特定类型的颗粒物，还涵盖多种粒径的颗粒物。例如，叶片对 PM10 等细小颗粒物的截留能力较强，这些颗粒物通常对人体健康构成较大的威胁。树木的叶片能够有效地捕捉这些细小颗粒，减少其在空气中的悬浮时间，从而降低空气中的颗粒物浓度，进而减少空气污染对人体健康的影响。

树木叶面的颗粒物截留作用还有助于减少地表的污染负荷。当颗粒物被叶片截留后，这些颗粒物通常会随着叶片的自然脱落、降雨冲刷等过程被带离空气，从而降低地表的污染负荷。树木的这种自然清洁功能能够有效地减轻城市和工业区的污染压力，提升环境的整体质量。

城市地区由于交通排放、工业活动和建筑活动等因素，常常面临较高的颗粒物污染压力。树木的存在可以在这些环境中形成绿化屏障，有效减少颗粒物的扩散和积累。树木的叶片通过其生理特性和微结构，能够在城市空气中形成一个有效的颗粒物拦截系统，帮助缓解城市空气污染问题。

随着科学研究的深入，人们越来越认识到树木叶面的颗粒物截留作用对空气质量改善的深远影响。研究表明，选择适合的树种及合理的绿化布局，可以显著提高叶面对空气中颗粒物的截留能力。具有较大叶片面积和特殊叶面结构的树种，如榆树、山楂等，在城市绿化中往往表现出更好的颗粒物截留效果。通过科学规划和合理种植树木，可以最大限度地发挥树木在改善空气质量方面的作用。

## （二）增强生态系统的稳定性

森林树木叶面具有的颗粒物截留作用不仅在改善空气质量方面发挥重要作用，还对增强生态系统的稳定性具有深远的影响。树木通过其叶片的颗粒物截留功能，能够在多个层面上促进生态系统的平衡与健康，这种作用对维持生态系统的功能和整体稳定性至关重要。

树木叶片对颗粒物的截留作用可以有效降低空气中污染物的浓度，这种作用不仅有利于保护人体健康，对整个生态系统的稳定性也有积极影响。颗粒物通常含有多种有害物质，如重金属和有机污染物，这些物质若长时间存在于空气中，会对生态系统产生负面影响。通过截留和去除这些颗粒物，能够减少这些有害物质对土壤、水体及植物的潜在污染，从而维护生态环境的健康与稳定。

树木在捕捉颗粒物的过程中，不仅能减少空气污染，还能影响降水的质量。空气中的颗粒物往往会与水分结合形成酸雨，这种酸雨对生态系统具有破坏性，可能导致土壤酸化、水体污染及植物生长受阻。树木通过叶面的颗粒物截留作用，能够有效减少空气中颗粒物的浓度，进而减少酸雨的形成，保护土壤和水体的质量，促进生态系统的稳定性。

树木的叶面微结构与颗粒物的交互作用，对植物自身的生长和生态系统的功能有着积极影响。树木的叶片通过捕捉空气中的颗粒物，可以减轻颗粒物对植物表面和气孔的直接损害，从而保障植物的正常生理功能。这种保护作用对于维持植物健康、提高植物的生长质量和增强植物对环境变化的适应能力具有重要意义。健康的植物能够更好地支持生态系统的稳定性，因为植物在生态系统中发挥着关键作用，如提供栖息地、促进养分循环和支持生物多样性等。

颗粒物在树木叶面上的积累，能够通过落叶和其他自然过程被带到土壤中，这些沉积的颗粒物可能为土壤提供一些营养物质，增加土壤的肥力。健康的土壤能够支持植物的生长，提高生态系统的生产力和稳定性。

在城市化进程中，人工环境的变化和污染的增加可能对生态系统造成冲击。树木作为城市绿化的重要组成部分，其叶面颗粒物截留功能能够帮助城市生态系统适应这些变化，维护城市环境的健康和稳定性。通过科学的绿化规划和树种选择，可以进一步提高城市森林对生态系统稳定性的贡献。

### （三）促进植物生长

树木叶面在颗粒物截留方面的作用不仅对改善空气质量和增强生态系统稳定性具有重要意义，还在促进植物生长方面发挥着积极作用。树木叶片通过其独特的微观结构和生理机制，能够有效地捕捉空气中的颗粒物，这一过程对植物生长的促进作用体现在多个方面。

树木叶片在捕捉颗粒物的过程中，能够有效减少空气中悬浮颗粒物的浓度。这些颗粒物中可能含有有害物质，如果这些污染物长时间悬浮在空气中，将会对植物造成直接或间接的危害。通过减少空气中的颗粒物浓度，树木的叶片能够减轻这些有害物质对植物的潜在影响，从而为植物提供一个更加健康的生长环境。

树木叶片对颗粒物的截留还能够通过减少酸雨的形成来促进植物的生长。空气中的颗粒物常常与水分结合形成酸雨，酸雨会导致土壤酸化、营养流失，以及植物根系的损害。树木的叶片通过其表面微结构捕捉颗粒物，从而减少这些颗粒物进入大气，进而降低酸雨的形成频率和强度。这样，土壤环境得以保持其健康状态，植物根系能够更好地吸收土壤中的养分，促进植物的生长。

树木叶片在截留颗粒物的过程中，还会对土壤的肥力产生积极影响。被叶片截留的颗粒物随着落叶和自然降解过程逐渐沉积到土壤中，这些颗粒物中可能含有营养成分，如矿物质和有机物质。这些沉积物为土壤提供了额外的营养来源，有助于改善土壤的肥力，从而促进植物的生长。特别是在城市环境中，土壤往往因为开发和建设而贫瘠，树木的这一作用能够帮助恢复和提升土壤质量。

选择适合的树种和优化绿化设计，可以显著提升树木在促进植物生长方面的作用。通过合理规划城市绿化和森林管理，可以使树木叶片表面对植物生长的促进作用达到最大化，为植物提供更好的生长环境。

## 二、树木叶面颗粒物截留的影响因素

### （一）环境因素对不同粒径颗粒物滞留量的影响

树木在滞留空气中的颗粒物方面发挥着关键的作用，尤其在城市环境中被誉为“城市粉尘过滤器”。树木能够有效地捕捉和滞留空气中的颗粒物，特别是PM2.5，这对改善城市空气质量具有重要意义。研究表明，树木对不同粒径颗粒物的滞留能力存在差异，了解这些差异对于城市园林绿化树种的选择至关重要。

树木对空气中颗粒物的吸附作用主要通过植物的叶片、树干等实现。叶片的结构和表面特性是影响颗粒物滞留能力的主要因素。许多树种的叶片表面具有较高的粗糙度或特殊的微结构，这些特性使叶片能够有效捕捉空气中的微小颗粒物。叶片的气孔也有助于颗粒物的附着，因为气孔周围的空气流动会导致颗粒物在叶片表面沉积。树木的树干和树枝同样具有一定的颗粒物滞留能力，尽管其作用通常不如叶片显著。树干粗糙的表面和树枝的结构可以增加空气流动的阻力，从而提高颗粒物的沉积效率。

研究表明，不同树种对PM2.5的滞留能力存在显著差异。这些差异主要受树种的叶片结构、表面特性及植物的整体形态影响。例如，具有较大叶面积和较高叶片粗糙度的树种通常能够更有效地捕捉和滞留PM2.5。树种的选择对城市园林绿化的效果有直接影响，因此，在进行城市绿化规划时，需要考虑不同树种在颗粒物控制方面的性能。环境因素也会对树木的颗粒物滞留能力产生影响。例如，气候条件、空气湿度及空气流动速度都可能影响树木对颗粒物的捕捉效果。在干燥和风速较高的环境中，颗粒物的悬浮时间较长，这可能导致树木的颗粒物捕捉效率降低。相反，湿润的环境条件通常有利于颗粒物的沉降，进而提高树木的滞留能力。因此，在城市绿化规划中，需要综合考虑当地的气候条件，以选择最适合的树种。

树木的生长状况也会影响其颗粒物的滞留能力。健康的树木通常具有更好的叶片密度和更强的吸附能力，因此在进行城市绿化时，维护树木的健康状态是提高颗粒物滞留效果的一个重要方面。定期的修剪和管理可以保持树木的良好生长状态，从而增强其对颗粒物的控制能力。

在进行城市园林绿化时，除了选择合适的树种，还需要考虑植物的布局和密度。合理的植物布局可以优化空气流动，增强颗粒物的沉积效果。例如，在城市道路旁种植较密集的树木可以有效阻挡和捕捉来自交通排放的颗粒物，从而降低空气中的污染物浓度。此外，植物的层次分布也有助于提高颗粒物的滞留效果。树木、灌木和草坪的合理搭配能够形成一个多层次的绿化系统，有效地增加空气中颗粒物的滞留量。

### （二）叶面微结构特征对颗粒物滞留量的影响

叶面微结构特征对颗粒物的滞留量有着显著影响，通过扫描电镜图观察试验植物叶片的微结构，发现叶片表面的微形态特征与颗粒物的附着密度之间存在明显的对应关系。叶片的气孔半径、气孔密度、气孔面积、气孔数量、分布状况，以及叶表面的绒毛和凹槽等结构，都对叶片的滞尘能力产生了不同程度的影响。叶片的这些微结构特征不仅影响颗粒物的附着，还决定了叶片对不同粒径颗粒物的吸附能力。

研究表明，叶片表面粗糙度与单位叶面积的 PM1-3 颗粒物吸附量之间存在显著的正相关关系。通过观察和分析叶片表面的微形态特征，鲁邵伟等研究人员发现，叶片的粗糙度越高，其对 PM1-3 颗粒物的吸附量就越大。这说明，叶片的微结构对颗粒物的滞留能力有着重要影响。贾彦等认为，叶片表面粗糙程度大、微形态结构密集及深浅差别大的叶面，会增加其与颗粒物的接触面积，从而使叶片上颗粒物的滞留量较高。这些研究结果表明，叶片的微结构特征直接影响其对颗粒物的捕捉和滞留能力。

在具体的树种研究中，研究人员发现一些具有明显气孔特征的树种，如黄金树、山楂树、榆树等，因其气孔数量较多且密度较大，单位叶面积的滞尘量在同类树种中排名靠前。这与张鹏骞等的研究结果一致，即叶面气孔的数量及形态、分布特征对滞尘能力有着重要的影响。气孔形态明显、数量众多且密度较大的叶片，能够显著提高叶片对颗粒物的滞留能力。气孔的开度大且排列密集，可以增加颗粒物与叶片的接触面积，从而提升叶片的颗粒物吸附作用。同时，植物叶片表面的微结构特征与滞留总悬浮颗粒物（TSP）含量之间存在着密切的相关性。研究表明，PM>10 的平均颗粒物约占 TSP 含量的 80%，这与叶面微结构特征的相关性几乎一致。大颗粒物的滞留量与叶片表面微结构特征密切相关，说明叶片表面微结构对大颗粒物的滞留具有显著影响。叶片的气孔特征和其他微结构特征，决定了其对不同粒径颗粒物的滞留能力。

在一些研究中，研究人员还发现某些树种叶片表面具有宽度较宽的沟槽，如山桃、白杜等树种。这些树种的滞尘量却远不及山楂、海棠等树种。数据对比显示，宽沟槽的树种与其滞尘量呈负相关关系，说明沟槽的宽度过大会导致 TSP 及其中的 PM1-3 等颗粒物不易停留在沟槽处。即使存在颗粒物，它们也不会在沟槽内停留很久，因为在沟槽内的颗粒物容易被风吹走或松动脱落。

## 第二节　森林土壤对颗粒物的吸附

### 一、机械吸附

森林土壤对颗粒物的吸附能力是土壤质量和生态功能的重要组成部分。土壤的吸附机制根据不同的机制可以分为几种类型，其中机械吸附是一个重要的机制。机械吸附是指土壤通过物理性阻留作用对进入其中的固体物质进行捕捉的过程，这种过程在森林生态系统中具有重要的作用。

在森林土壤中，机械吸附主要发生在土壤颗粒和颗粒物之间的物理接触点。土壤的颗粒物，如砂粒、黏土颗粒和有机质碎片，通过其粗糙的表面和多孔的结构，为颗粒物提供了物理拦截的场所。这些颗粒物在风的作用或降水的冲刷下，被带入土壤中。在这一过程中，较大的颗粒物往往因其体积较大、运动速度较低，容易被土壤表面的颗粒物阻拦并滞留。这种机械阻留作用帮助减少了空气中的颗粒物向土壤深层的迁移，从而对环境中颗粒物浓度的降低发挥作用。

土壤的颗粒大小、结构和孔隙度对机械吸附的效率具有重要影响。粗砂土壤由于颗粒较大、孔隙较少，对颗粒物的机械阻留能力相对较弱。相反，黏土和壤土由于颗粒较小、孔隙较多，对颗粒物的机械阻留能力更强。特别是黏土，因为其细小的颗粒和较高的比表面积，能够更有效地捕捉和滞留空气中的细小颗粒物，这种机制在森林土壤中尤为显著。黏土的细微颗粒和多孔结构为截留颗粒物提供了丰富的物理拦截点，使颗粒物更容易被滞留在土壤表面。

土壤的有机质含量也是影响机械吸附的重要因素。森林土壤通常含有丰富的有机质，这些有机质不仅提高了土壤整体结构的稳定性，还增加了其对颗粒物的机械阻留能力。有机质能够提供更多的物理阻留点，同时其结构上的微孔也能有效地捕捉空气中的颗粒物。通过与土壤颗粒的结合，有机质增强了土壤对颗粒物的吸附能力，从而提高了其对空气污染物的处理能力。

在森林土壤的机械吸附作用不仅对空气质量有益，还对土壤自身的健康和稳定性具有重要意义。通过捕捉和滞留颗粒物，土壤能够减少有害物质对植物根系的直接接触，降低对植物生长的负面影响。此外，这种过程还可以减少颗粒物对土壤养分的干扰，保持土壤的营养平衡和生态功能。

机械吸附在森林土壤中还对水土保持和侵蚀控制发挥着重要作用。森林土壤能够通过物理性阻留作用减少水流中的颗粒物输送，从而降低土壤侵蚀的风险。这一机制通过减少颗粒物的流失，有助于维持森林生态系统的稳定性，保护土壤资源和森林植被的健康。

## 二、物理吸附

在森林土壤对颗粒物的吸附机制中，物理吸附是一个重要过程。物理吸附是指通过土壤颗粒表面的物理作用力，借助土壤表面张力将颗粒物质分子吸附到土壤表面的过程。这种机制在发挥土壤功能和环境保护中扮演着重要角色。

物理吸附主要发生在土壤颗粒的表面和接触点上。土壤颗粒，如砂粒、黏土颗粒和有机质颗粒都具有一定的表面张力，这种表面张力使空气中的颗粒物质分子能够附着在土壤表面。物理吸附是一种非化学反应的物理现象，它依赖于土壤颗粒表面的物理力，如范德瓦尔斯力和静电力，这些力能够使颗粒物质分子在土壤颗粒表面形成薄层，起到吸附作用。

土壤颗粒的表面特性包括其粗糙度、孔隙结构及表面化学特性。表面较粗糙或具有多孔结构的土壤颗粒，能够提供更多的表面接触点，使颗粒物质分子更容易被吸附。黏土和壤土由于其较小的粒径和较大的比表面积，往往具有较高的物理吸附能力。这些细小颗粒提供了更多的表面接触点，使物理吸附过程更加显著。有机质的存在提高了土壤的表面积，并且其表面具有一定的吸附性，这有助于捕捉和滞留空气中的颗粒物。通过增加土壤的吸附能力，有机质能够有效减少空气中的颗粒物浓度，提升土壤的环境保护功能。

通过吸附空气中的颗粒物，土壤能够减少这些颗粒物对植物根系的潜在损害。颗粒物在土壤表面的沉积有助于防止颗粒物直接进入土壤深层，从而减少对植物的负面影响。此外，物理吸附还能够减少颗粒物对土壤养分的干扰，维持土壤的营养平衡。物理吸附作用还对水土保持和减少土壤侵蚀具有积极影响。森林土壤通过物理吸附减少水流中的颗粒物输送，从而降低了土壤侵蚀的风险。通过减少颗粒物的流失，土壤能够保持其结构和养分，保护森林植被，维持生态系统的健康和稳定性。

研究表明，土壤的物理吸附能力受到多种因素的影响，包括土壤湿度、温度和颗粒物的性质。湿度和温度的变化会影响土壤颗粒表面的张力和颗粒物的附着能力，从而影响物理吸附的效率。颗粒物的性质，如颗粒大小、形状和化学成分，也会对物理吸附过程产生影响。在森林管理和环境保护中，理解和应用土壤的物理吸附机制具有重要的实际意义。通过改善土壤的结构和增加有机质含量，可以提升土壤的物理吸附能力，从而有效减少空气中的颗粒物浓度，保护植物和土壤的健康。开展科学研究和应用先进技术可以优化对森林土壤的管理，提升其在环境保护和生态系统服务中的功能。

## 三、化学吸附

化学吸附是一个重要的过程，它通过化学反应形成难溶性化合物或沉淀，从而将颗粒物保留在土壤中。化学吸附主要涉及土壤溶液中的阴离子，它们通过化学作用与土壤中的成分反应，形成不易溶解的物质，从而达到吸附的效果。土壤溶液中的一些成分，如阴离子，能够与土壤颗粒表面的化学成分发生反应，生成难溶性化合物。这些化合物或沉淀物通过化学反应固定在土壤中，从而减少了这些成分在土壤溶液中的浓度，并将其保留在土壤体系中。这一过程有效降低了空气和水体中的污染物浓度，对环境保护和土壤健康具有重要意义。

化学吸附的过程通常涉及土壤的化学特性和反应能力。土壤的 pH、离子强度和土壤矿物的化学组成都会影响化学吸附的效率。例如，土壤的酸碱性可以显著改变溶液中阴离子的行为，影响其与土壤颗粒的反应。酸性土壤通常能够增加一些阴离子的溶解度，而碱性土壤则可能促进某些阴离子的沉淀。土壤中的矿物质，特别是黏土矿物，具有较强的化学反应能力，能够与土壤溶液中的阴离子形成化学结合，增强土壤的化学吸附能力。

森林土壤中常见的化学吸附现象包括金属离子的沉淀、磷酸盐的固定和有机污染物的化学结合。金属离子，如铅、镉和汞等，能够与土壤中的有机质或矿物质发生反应，生成难溶性的金属化合物或沉淀，这些化合物被固定在土壤中，减少了有害金属离子的生物有效性和环境污染。磷酸盐的化学吸附也是一个重要过程，磷酸盐能够与土壤中的钙、镁和铁等离子形成难溶的磷酸盐沉淀，从而减少土壤溶液中的磷酸盐浓度，对水体富营养化具有重要的调控作用。

有机污染物的化学吸附同样对森林土壤的环境功能具有重要影响。一些有机污染物能够与土壤中的有机质或矿物质发生反应，形成难溶的有机化合物或沉淀。这些化合物被保留在土壤中，减少了有机污染物对地下水和地表水的污染风险，提高了土壤的自净能力。

森林土壤的化学吸附能力不仅有助于减少环境污染，还能促进土壤的健康和生态功能。通过固定和沉淀土壤中的有害成分，化学吸附能够减少这些成分对植物和土壤微生物的潜在毒性，保护森林生态系统的稳定性。土壤的化学吸附作用还能维护土壤的养分平衡，提高森林土壤的生产力。

化学吸附的效率受到多种因素的影响，包括土壤的化学性质、环境条件及颗粒物的性质。土壤的化学性质，如 pH、离子强度和矿物组成，决定了其对不同阴离子的吸附能力。环境条件，如温度和湿度，也会影响化学反应的速率和效率。此外，颗粒物如粒径、化学成分和表面特性，也会影响化学吸附的效果。

## 四、生物吸附

在森林土壤对颗粒物的吸附机制中，生物吸附是一个重要且独特的过程。这种过程通过土壤中生物的生命活动，将有效的养分吸收、积累和保存在生物体内，从而实现对颗粒物的固定和处理。生物吸附，又称为生物固定，涉及土壤中各种生物的活动，在土壤生态系统中扮演着关键的角色。

微生物、植物根系、真菌等生物体通过各自的生理和生化活动对颗粒物进行吸附和固定。微生物，特别是细菌和放线菌，能够通过其细胞壁和细胞膜的表面作用力，将颗粒物质附着在体表。微生物的代谢活动也能够影响土壤溶液中的颗粒物分布，通过生物化学反应改变颗粒物的形态和化学性质，使其更加易于被固定在土壤中。

植物的根系能够释放各种有机酸和其他化学物质，这些物质能够与土壤中的颗粒物发生反应，形成复合物或沉淀，从而促进颗粒物的固定。植物根系还能够通过其表面吸附颗粒物，并将其带入根系内部，降低颗粒物在土壤表面的流动性。此外，植物根系的生长和扩展能够物理性地捕捉和固定空气中的颗粒物，增强土壤对颗粒物的吸附能力。

真菌通过其菌丝体和菌丝网络与土壤颗粒物发生接触，能够吸附和固定土壤中的颗粒物质。真菌的细胞壁含有多糖和其他生物分子，这些分子能够与颗粒物发生化学反应，使其固定在真菌体内。此外，真菌还能够通过其代谢活动改变土壤中的化学环境，影响颗粒物的形态和分布，进一步提高生物吸附的效果。

生物吸附对森林土壤的功能和环境保护具有深远的影响。通过将颗粒物吸附和固定在生物体内，能够减少颗粒物对土壤和水体的污染风险，提高土壤的自净能力。生物体内积累的颗粒物能够被转化为无害的形式，降低颗粒物对植物和土壤微生物的毒性影响，保护森林生态系统的健康。

生物吸附的效率受到多种因素的影响，包括生物种类、土壤性质和环境条件。不同的生物体具有不同的吸附能力和固定机制。例如，某些微生物对特定类型的颗粒物具有较强的吸附能力，而其他微生物则对不同类型的颗粒物表现出不同的反应。植物根系的化学特性和生长条件也会影响其对颗粒物的吸附能力。真菌的生长和代谢活动同样受到土壤环境的影响，进而影响其对颗粒物的固定效果。

## 五、物理化学吸附

在森林土壤对颗粒物的吸附过程中，物理化学吸附是一种复杂而重要的机制。物理化学吸附发生在土壤溶液和土壤胶体的界面上，涉及物理和化学反应的共同作用。这种机制利用土壤胶体的特性，借助其巨大的表面积和电性，将土壤溶液中的离子吸附在胶体的表面，达到固定和保留颗粒物的目的，从而减少水溶性养分的流失。被吸附的养分离子不仅可以通过解吸附的方式重新释放，供植物根系吸收，还可以通过根系的接触代换被有效利用。

在物理化学吸附中，土壤胶体扮演着核心角色。土壤胶体主要包括黏土矿物和有机质，它们具有极大的比表面积和负电荷，这使它们能够有效地吸附土壤溶液中的离子。土壤胶体的表面带有负电荷，这些负电荷能够与溶液中的阳离子发生静电吸引，形成阳离子交换。这种现象不仅固定了土壤中的阳离子，还防止了它们的流失。同时，土壤胶体的表面也能够与阴离子发生相互作用，尽管阴离子通常不如阳离子那样容易被固定，但在某些情况下，例如，土壤中的有机质能够与阴离子形成复合物，从而增加阴离子的吸附。

阳离子吸附是物理化学吸附中的一种重要形式。土壤胶体的负电荷能够与土壤溶液中的阳离子相互作用，形成阳离子交换复合物。这些阳离子通常包括钙、镁、钠、钾等植物营养元素，它们通过与土壤胶体的吸附作用，被固定在土壤中，减少了养分的流失。阳离子吸附不仅提高了土壤的养分保持能力，还有助于调节土壤的酸碱性，对植物的生长和发育具有重要意义。

阴离子吸附则相对复杂一些。在有机质含量较高的土壤中，尽管阴离子与土壤胶体的吸附作用不如阳离子明显，但阴离子也能够通过与有机质的结合，得到有效固定。阴离子的吸附对土壤的肥力和水质保护同样具有重要作用。例如，磷酸盐在土壤中的吸附能够减轻水体的富营养化，防止水体污染。

物理化学吸附不仅有助于减少颗粒物和养分的流失，还能够通过解吸附作用，使养分离子可以被重新释放到土壤溶液中。解吸附过程是物理化学吸附的一部分，指被固定在土壤胶体中的养分离子，在特定条件下重新被释放到土壤溶液中的过程。这一过程对于维持土壤的肥力和植物的营养供应至关重要。另外，通过根系的接触代换作用，植物能够有效地利用被固定在土壤胶体上的养分。植物根系通过分泌的有机酸和其他代谢产物，与土壤胶体中的阳离子发生交换，从而将固定的养分释放出来，供植物生长所需。这种机制能够提高土壤中养分的有效性和利用效率。

# 第三节　森林生态系统中颗粒物的沉降与分解

## 一、森林生态系统中颗粒物的沉降方式

### （一）直接沉降

森林生态系统中颗粒物的沉降方式包括多种机制，其中直接沉降是一种重要的方式。直接沉降指的是颗粒物在空气中通过重力作用直接落到地面的过程。这种沉降方式是由于颗粒物的重力超过了空气的浮力，导致它们在无其他外力作用的情况下自然下落到地面。直接沉降在森林生态系统中发挥着重要作用，对生态环境的影响不可忽视。

颗粒物的直接沉降受多种因素的影响，其中颗粒物的大小和重量是关键因素。较大的颗粒物由于其较高的质量和较大的粒径，受到的空气阻力相对较小，因此更容易在短时间内沉降到地面。相比之下，较小的颗粒物则可能需要更长时间才能沉降，或者可能由于空气流动的影响而较长时间地悬浮在空气中。直接沉降的效率与颗粒物的物理特性密切相关，大颗粒物通常在沉降过程中表现得更加明显。

在森林环境中，树木和植被的存在会对颗粒物的直接沉降产生影响。树木的叶片、树干及枝条等部位为颗粒物提供了沉降的“捕捉点”。当颗粒物接触到树木的叶片或其他部位时，它们会被阻碍在这些表面上，从而加速其沉降过程。树木的叶面微结构，如叶片的气孔、绒毛及叶脉等，进一步增强了直接沉降的效果。树木的密度和高度也对颗粒物的沉降有一定的影响，森林覆盖越密集，颗粒物的沉降效果越显著。

土壤的湿度、结构和组成决定了颗粒物在落地后的沉降效果。湿润的土壤能够更有效地捕捉和固定沉降的颗粒物，而干燥的土壤则可能导致颗粒物在沉降后容易被风力再次吹起。土壤的孔隙结构和颗粒大小分布也会影响颗粒物的沉降和积累情况。

沉降的颗粒物可能含有各种化学成分，包括有害的污染物质或营养物质。这些成分在沉降后可能会对土壤和植物产生直接影响。例如，沉降的重金属或有毒化学物质可能对植物的生长造成负面影响，而沉降的营养物质则可能促进植物的生长，提高森林生态系统的生产力。因此，了解直接沉降的机制和影响因素，对于评估和管理森林生态系统的健康和稳定性具有重要意义。

## (二)叶面沉降

颗粒物的沉降不仅通过直接沉降的方式发生，还通过叶面沉降这种机制显著影响着森林环境。叶面沉降是指颗粒物在空气中通过沉降过程落在植物叶片表面上的现象。这一过程在森林生态系统中扮演了关键角色，影响了森林的营养循环、植物健康及空气质量。

叶面沉降的过程首先涉及颗粒物与树叶的接触。树木的叶片作为主要的沉降表面，能够有效地捕捉和积累空气中的颗粒物。不同类型的树木具有不同的叶面特征，这些特征影响了颗粒物的沉降效率。例如，叶片的形状、大小、纹理及表面结构等都会影响颗粒物的附着能力。叶片上的细微结构，如绒毛、气孔和叶脉等，能够增加颗粒物与叶片表面的接触面积，从而提高颗粒物的沉降率。叶面沉降不仅有助于减少空气中的颗粒物浓度，还对叶片本身的健康和功能有着直接影响。

叶面沉降的效率受多种因素的影响，其中最重要的是气象条件。风速、降雨量和湿度等气象因素会直接影响颗粒物的沉降过程。较高的风速可能会将颗粒物吹离叶面，降低沉降效率。而降雨和湿度能够增加叶面的湿润程度，从而增强颗粒物的附着能力和沉降效率。雨水可以将附着在叶面上的颗粒物洗净，促使其更好地沉降到地面，或者通过雨水的冲刷作用，将颗粒物带入土壤中。

森林的密度、树种多样性和树木的分布模式都会影响叶面的沉降效果。高密度的森林可以提供更大的叶面面积，有助于提高颗粒物的沉降量。此外，不同树种的叶面特征差异也会导致沉降效率的不同。例如，某些树种的叶片表面较为光滑，而另一些树种则具有更多的细微结构，这些特征会影响颗粒物的附着和积累。

叶面沉降在森林生态系统中不仅影响空气质量，还对森林的营养循环具有重要作用。沉降的颗粒物可能含有有机物质、矿物质或有害物质，这些成分在叶片上的积累能够影响植物的生长和健康。沉降的营养物质可以被植物直接吸收，作为生长和发育的养分来源。然而，如果沉降的颗粒物中含有污染物质或有害物质，则可能对植物产生负面影响，甚至影响整个森林生态系统的健康。

### （三）降水清洗

降水清洗是森林生态系统中颗粒物沉降的重要机制。这一过程涉及降水（如雨水、雪水、雾水等）与空气中悬浮颗粒物的相互作用，导致颗粒物从大气中被清除并沉降到地面。降水清洗在净化空气、维护生态系统的健康及促进植物生长方面发挥着关键作用。

降水清洗的基本原理是通过降水将空气中的颗粒物带到地面。降水可以以多种形式出现，包括雨、雪、冰雹和雾。这些降水形式都能有效地捕捉和移除空气中的颗粒物。在降水过程中，水滴或冰晶通过吸附、碰撞和洗刷等方式将颗粒物从空气中带走。降水清洗是一种自然的空气净化过程，对于改善空气质量具有显著效果。

雨滴通过与空气中的颗粒物碰撞，能够将颗粒物带入水滴中，最终随雨水落到地面。雨水的化学成分也可能与颗粒物发生反应，形成沉淀物。降雨量的多少、雨滴的大小和降雨的强度都会影响降水清洗的效率。较大的雨滴能够捕捉更多的颗粒物，而强降雨则能更快地将颗粒物带到地面。雨水的酸性或碱性也会对颗粒物的清洗效果产生影响。

雪花在降落过程中能够捕捉空气中的颗粒物，并在融化后将这些颗粒物带到地面。雪的晶体结构使其能够有效地捕捉颗粒物，并在融化过程中将其释放到土壤中。尽管雪水的清洗效果可能不如雨水明显，但在寒冷地区，雪水是重要的颗粒物清洗机制之一。

雾水也是降水清洗的一种形式，尤其在湿度较高的环境中。雾由大量悬浮在空气中的微小水滴组成，这些水滴能够捕捉空气中的颗粒物。雾水通过沉降或凝结的方式将颗粒物带到地面，虽然雾水的清洗效果通常较为缓慢，但在雾气密集的区域，雾水也能够显著降低空气中的颗粒物浓度。

降水清洗对森林生态系统的影响深远。降水清洗能够降低空气中的颗粒物浓度。较低的颗粒物浓度有助于保护植物的健康，减少因颗粒物对植物叶片的附着而引发的潜在问题。降水清洗过程中的颗粒物被带到地面后，能够提供额外的养分给土壤。这些颗粒物可能含有有机质、矿物质或其他营养成分，促进土壤肥力，支持植物的生长和发育。然而，降水清洗也可能带来一些负面影响。如果降水中含有污染物质，如酸雨或重金属，这些物质在沉降过程中可能对森林土壤和植物产生不利影响。酸雨可以降低土壤的 pH 值，影响植物的营养吸收；重金属可能在土壤中积累，对植物根系造成损害。因此，了解降水清洗的机制及其对环境的全面影响，对于制定科学的环境保护措施至关重要。

## （四）植物的生长和排放

森林生态系统中颗粒物的沉降不仅依赖于自然的降水和风力等因素，植物的生长和排放也在这一过程中扮演着重要角色。植物通过其生理活动和结构特征直接或间接影响颗粒物的沉降方式，从而对森林生态系统中的颗粒物分布产生深远的影响。

植物的叶片、枝干和树干等部分能够有效地捕捉和积累空气中的颗粒物。叶片表面的微结构，如气孔、绒毛和蜡质层，能够显著提高植物对颗粒物的附着能力。叶片的气孔不仅能吸收空气中的二氧化碳，还能在一定程度上捕捉和吸附空气中的固体颗粒物。这些颗粒物可能是尘土、烟雾或其他微小颗粒，通过与气孔表面的黏附作用被留在植物上。植物叶片表面的绒毛和蜡质层能进一步增加颗粒物的附着面积，提升其对颗粒物的捕捉能力。

植物在光合作用过程中释放的挥发性有机化合物（VOCs）不仅参与了大气的化学反应，还可能对空气中的颗粒物产生间接影响。某些挥发性有机化合物在大气中与其他成分反应生成气溶胶，这些气溶胶能够附着在植物表面，增加颗粒物的沉降量。特别是在森林环境中，植物的排放量大，挥发性有机化合物的浓度也较高，这可能会对局部的空气质量产生显著影响。

在植物的生长过程中，根系的发育和土壤的改良也对颗粒物的沉降产生影响。植物的根系通过分泌有机酸和根系分泌物改变土壤的化学性质，促进土壤结构的形成。这些改变可能会影响土壤颗粒的稳定性和颗粒物的沉降。根系分泌物能够增强土壤的黏附性，从而促进颗粒物的沉降和固定。植物的根系还可以改善土壤的透气性和水分条件。

森林生态系统中的植物种类和植被覆盖度也会对颗粒物的沉降产生影响。不同植物种类的叶片结构和生理特性不同，决定了它们对颗粒物的捕捉能力的强弱。例如，常绿植物的叶片通常比落叶植物的叶片存活时间更长，对颗粒物的积累能力也更强。植被覆盖度较高的区域由于植物密集，颗粒物的沉降量也往往较高。植被的密度和结构决定了空气中颗粒物的沉降位置和沉降量，影响着整个森林生态系统的颗粒物动态。

## （五）风力作用

风力作用在森林生态系统中对颗粒物的沉降有着显著的影响。风力通过推动空气流动，将颗粒物从源头运输到森林环境中，并影响着这些颗粒物在森林地表的分布和沉降过程。风力的强度、方向及风速的变化都会直接或间接地影响颗粒物的沉降模式和效率。

风力能够将来自城市、工业区或其他源头的颗粒物带入森林区域。这些颗粒物在风的作用下，被带到森林的上层大气中，经过一段时间的输送后，最终会沉降到森林的地表或植被上。风力越强，颗粒物的输送距离就越远，覆盖范围也会相应增加。然而，当风速过快时，颗粒物可能会被再次吹离地表，从而降低其沉降到土壤或植物上的概率。

风力对颗粒物沉降的影响不仅体现在水平输送上，还包括垂直方向的沉降过程。风力通过影响空气对流，改变了颗粒物的沉降速度和方式。在风速较低的情况下，颗粒物的沉降速度较慢，可能会较长时间地漂浮在空气中。相反，当风速较高时，空气中的颗粒物会更快地沉降到森林的地表或植被上。森林地表和植物表面会积累更多的颗粒物，从而对空气质量产生更大的影响。

风力的作用不仅影响颗粒物的沉降，还影响着森林生态系统中颗粒物的再悬浮。在强风条件下，已经沉降在地表的颗粒物可能会被风力重新吹起，进入大气中，形成再悬浮现象。这种再悬浮现象会导致颗粒物在空气中的浓度增加，从而对空气质量产生负面影响。特别在干旱季节或风力较强的条件下，森林土壤和地表的颗粒物更容易被风力带入空气中，形成二次污染。

在不同的季节，风速和风力的强度会有所不同，这会导致颗粒物沉降量的季节性波动。例如，在秋季或冬季，风速通常较低，颗粒物在空气中的停留时间较长，可能会导致较高的沉降量。相反，在春季或夏季，风速较高，颗粒物可能会被迅速带离森林区域，从而减少沉降量。

不同类型的森林植被对风力作用下的颗粒物沉降也会产生不同的影响。森林中树木的高度、树冠的密度和树木的排列方式都会影响风的流动和颗粒物的沉降。高大的树木和密集的树冠能够增强对风力的阻挡作用，有效减缓风速，减少颗粒物的再悬浮现象。从而促进颗粒物的沉降。

在研究森林生态系统中颗粒物的沉降时，需要考虑风力的变化对颗粒物输送和沉降的综合影响。风力不仅决定了颗粒物的输送距离和速度，还影响了颗粒物在森林地表和植被上的积累和分布。因此，了解风力作用对颗粒物沉降的影响有助于深入认识森林生态系统中的颗粒物动态，为森林管理和空气质量改善提供科学依据。

## 二、森林生态系统中颗粒物的分解

### (一)快速分解

颗粒物的分解是一个至关重要的过程，特别是快速分解，它在短时间内将有机物质转化为可被植物吸收的养分。这一过程不仅有助于维持森林生态系统的健康和稳定，还对植物的生长和土壤的肥力有直接的影响。快速分解主要由分解菌、腐生生物如蚯蚓和昆虫等完成，这些生物体通过其特定的生理活动和生化反应，加速了有机物质的分解和转化。

分解菌是森林快速分解过程中的关键参与者。这些微生物在分解有机物质时，能够分泌多种酶类，如纤维素酶、木质素酶等，这些酶能够降解复杂的有机分子，将其转化为较小的化合物，如二氧化碳、水、亚硝酸盐和硝酸盐等。这些较小的化合物在土壤中更加稳定，容易被植物根系吸收。分解菌不仅能分解有机物，还能通过代谢活动释放能量，这些能量促进了氧化反应，从而加速了有机物的分解过程。分解菌在土壤中形成了一个复杂的微生物群落，它们之间的相互作用，以及与土壤环境的互动，决定了分解速度和效率。

蚯蚓通过其消化系统将土壤中的有机物质吞噬，这一过程不仅能够破碎有机物，增加其与微生物的接触面积，还能够将其转化为更加易于分解的形式。蚯蚓的排泄物，通常富含营养物质，并具有改良土壤结构的作用，这些营养物质进一步促进了分解过程。昆虫则通过其取食和排泄行为，帮助将有机物质分解成较小的颗粒，使其更容易被微生物进一步降解。这些腐生生物的活动，加快了有机物质的分解速度，并有助于保持土壤的健康和肥力。

快速分解通常发生在已死亡的植物和动物遗骸上，这些遗骸是分解过程主要发生的地方。通过快速分解，这些有机物质能够迅速释放出可被植物吸收的营养物质，如氮、磷、钾等元素。这些养分对植物的生长至关重要，能够支持植物的生长发育和保护生态功能。快速分解过程中释放的营养物质，也有助于维持土壤的肥力，提高土壤的生产力。

如果没有快速分解过程，森林生态系统中的植物将不得不依赖慢分解过程来获取养分。慢分解过程是指在较长时间内将有机物质分解为养分的过程，通常由土壤中的微生物和生物体进行。这一过程较慢，释放的养分也较少，可能无法满足植物对营养物质的需求。因此，快速分解过程在森林生态系统中显得尤为重要，它能够迅速为植物生长提供所需的养分，维持森林生态系统的稳定和生产力。

### （二）慢分解

慢分解是将生物物质降解为基本成分（如氮、磷、钾、镁等）和有机质生产物的过程，这一过程可能需要数年甚至数十年的时间。慢分解的营养物质在植物生长的整个过程中扮演着至关重要的角色，为森林生态系统的稳定和生物多样性提供了必要的支持。慢分解过程主要由真菌、细菌和土壤中的其他微生物完成，这些微生物长期生活在土壤中，以枯枝落叶和腐木为食，并将这些有机物质分解成更小的化合物，最终释放出对植物生长至关重要的营养物质。

真菌是慢分解过程中最重要的参与者。它们能够分解复杂的有机物质，如木质素和纤维素，这些物质是枯枝落叶和腐木的主要成分。真菌通过分泌一系列具有高效降解能力的酶类，如木质素酶和纤维素酶，将这些复杂的有机物质转化为更简单的化合物。这些转化后的化合物能够被其他土壤微生物进一步利用，并转化为植物可以吸收的营养物质。真菌的作用不仅限于分解有机物，还能够通过形成菌根与植物根系相互作用，增强植物对养分的吸收能力，并提供额外的支持。

土壤中的细菌种类繁多，它们在分解过程中扮演着重要的角色。细菌通过其代谢活动，将有机物质转化为简单的化合物，如氨、硝酸盐和磷酸盐，这些化合物可以被植物直接吸收。细菌的分解活动是慢分解过程的核心部分，细菌通过不断地分解枯枝落叶和腐木，维持土壤的肥力，并为植物提供生长所需的各种营养元素。

除了真菌和细菌，土壤中的其他微生物，如放线菌和古菌，也参与了慢分解过程。这些微生物通过其特定的代谢途径和生理活动，将有机物质进一步分解，并释放出对植物有益的养分。放线菌能够分解复杂的有机物，并产生一些有助于土壤健康的次生代谢产物，而古菌则能在极端环境条件下维持土壤的稳定性和营养供应。

慢分解过程不仅对单一树木的生长至关重要，还对整个森林生态系统的健康和稳定性有着深远的影响。通过慢分解，森林土壤能够不断地释放出必要的营养物质，支持森林中的植物群落生长。树木在生命的各个阶段都需要这些养分，从幼苗时期的快速生长，到成树阶段的稳定生长，再到老树时期的再生和繁殖，慢分解提供的营养物质都是其不可或缺的支持。

慢分解过程通过持久的时间尺度，持续地提供养分，并维持土壤的结构和功能。这种持续的养分供应有助于森林的长期健康和生物多样性，促进生态系统的稳定性和功能性。因此，了解和研究慢分解过程，对于森林管理和生态保护具有重要的意义。通过优化森林管理措施，保护和促进微生物的健康和功能，可以进一步提升森林生态系统的稳定性和生产力，实现可持续的森林管理和生态保护目标。

## 第四节　森林对不同粒径颗粒物的过滤效率

### 一、固体颗粒物的类别

#### （一）总悬浮颗粒物

总悬浮颗粒物（total suspended particulates，TSP）是指在空气中悬浮的所有粒径小于或等于 100 微米的颗粒物。这一类别的颗粒物涵盖从液体、固体到液体和固体的结合体等多种形态的颗粒。总悬浮颗粒物的范围极广，包括空气中的尘埃、烟雾、雾霾，以及一些气体与固体混合形成的复合颗粒。TSP 的测定在环境监测中具有重要意义，因为它反映了空气中颗粒物的总体负荷，能够让人对空气质量整体状况的直观了解。总悬浮颗粒物的定义涵盖各种尺寸的颗粒，这些颗粒通常源自多种自然和人为活动。自然源，如风尘、火山喷发、海洋喷雾等，都可能向空气中释放较大的颗粒物。而人为活动，如工业生产、建筑施工、交通运输等，也会向空气中释放大量颗粒物，这些活动产生的颗粒物往往混合着多种成分，包括重金属、化学污染物等。TSP 的广泛范围使其在研究空气质量和污染源分析中扮演了重要角色。

通过对 TSP 浓度的监测，能够评估某一地区的空气污染程度，了解不同污染源对空气质量的贡献。此外，TSP 的浓度变化还与季节性因素、气象条件及污染控制措施的有效性密切相关。对 TSP 的长期监测能够帮助研究人员追踪空气污染的趋势，为环境保护和公共健康提供数据支持。

由于总悬浮颗粒物包含了不同尺寸和类型的颗粒，具体的组成和影响因来源不同而异。大颗粒物（如粉尘）通常停留在较近的地面层，而细小颗粒（如烟雾）则可以在空气中停留较长时间，甚至被输送到较远的地区。因此，TSP 的监测不仅能够反映局部地区的空气质量，还能揭示较大范围的环境问题。了解 TSP 的组成和分布情况，对于制定有效的空气污染治理策略至关重要。

TSP 中的一些颗粒物可能会对呼吸系统造成直接损害，尤其对老年人、儿童和有呼吸道疾病的人群。此外，TSP 还可能对心血管系统产生负面影响，增加心脏病和中风的风险。长期暴露于高浓度的 TSP 环境中，可能导致各种慢性健康问题，因此，对 TSP 的监测和控制是保护公众健康的重要环节。

总悬浮颗粒物的检测和控制通常涉及多种技术手段，如空气采样、过滤和分析等。各种仪器和方法被用于精确测定空气中 TSP 的浓度，以确保数据的准确性和可靠性。通过对不同来源和成分的 TSP 进行分析，可以识别出主要污染源，并采取针对性的控制措施。有效的污染控制策略可能包括改进工业排放标准、加强建筑施工管理、推广清洁能源等措施，从而减少总悬浮颗粒物的排放。

### （二）可吸入颗粒物

可吸入颗粒物（inhalable particle，IP，PM10）指的是那些空气动力学直径小于或等于 10 微米的颗粒物。由于其尺寸较小，这些颗粒物可以穿透上呼吸道，进入较深的呼吸系统中，因此被称为可吸入颗粒物。它们不仅能够在空气中长期漂浮，还可能对人体健康产生直接影响，因为这些颗粒物能够被吸入并沉积在肺部，甚至进入血液循环系统。

PM10 的来源非常广泛，包括自然源和人为源。自然源，如风吹动的沙土、火山喷发产生的灰烬、海洋喷雾等，都能释放一定量的可吸入颗粒物。而人为源包括工业排放、交通运输、建筑施工、农业活动等。在工业生产过程中，尤其是化石燃料燃烧和矿物加工，都会释放出大量的 PM10。而交通运输，尤其是使用柴油的车辆，也会排放大量的细小颗粒物。此外，建筑施工和农业活动中的土壤扬尘也是 PM10 的重要来源。

PM10 能够在空气中悬浮较长时间，并且可能在较大范围内传播，这使它们成为空气质量监测的关键指标之一。监测 PM10 的浓度有助于了解空气污染的严重程度，并为制定相关的环境保护政策提供数据支持。高浓度的 PM10 不仅会影响空气质量，还可能对生态系统产生负面影响，如减少光透过率，影响植物的光合作用等。

由于这些颗粒物能够进入呼吸道深处，并沉积在肺部，因此可能引发一系列的健康问题。长期暴露于高浓度的 PM10 环境中，可能诱发呼吸系统的慢性疾病，如慢性支气管炎、肺气肿、哮喘等。此外，研究还表明，高浓度的 PM10 环境与心血管疾病的发生有关，可能增加心脏病和中风的患病风险。对老年人、儿童和有慢性疾病的人群来说，PM10 导致的健康风险尤为严重。因此，控制 PM10 的排放是保护公众健康的重要任务。

为了控制 PM10 的排放，许多国家和地区制定了严格的空气质量标准和排放控制措施。工业部门通常需要安装高效的除尘装置，以减少生产过程中 PM10 的排放。交通运输领域则通过推广使用清洁燃料和改进排放标准来降低车辆排放的颗粒物。此外，一些城市还实施了限行措施和增加绿化带，以减少空气中 PM10 的浓度。有效的控制措施可以显著降低 PM10 的浓度，保护公众健康。

传统的颗粒物采样方法包括使用过滤器和称重等方式来测量空气中的 PM10 浓度。近年来，激光散射仪、光学传感器等新技术被广泛应用于颗粒物的实时监测，这些技术可以提供更精确的颗粒物浓度数据，并能够实时反映空气质量的变化。科学研究和技术的进步不断推动着 PM10 监测和控制工作的深入，为实现清洁空气目标提供了强有力的支持。

### (三)细颗粒物

细颗粒物（fine particle，PM2.5）是指空气动力学直径小于或等于 2.5 微米的颗粒物。这些细小的颗粒物在空气中悬浮的时间较长，能够轻易地被吸入呼吸道深处。由于其尺寸极小，PM2.5 能够穿透呼吸道的较大部分，进入终末细支气管和肺泡中。更细小的颗粒甚至可以穿透肺泡，进入血液循环系统。这种深入体内的能力使 PM2.5 对人体健康造成较大威胁。

PM2.5 的长期悬浮能力使它们在空气中能够传播较长的距离。这一特性不仅加大了其对广泛区域的污染影响，也使它们能够影响人群的健康。PM2.5 的存在与多种健康问题密切相关，特别是对呼吸系统的影响。进入肺泡的颗粒物可能导致慢性支气管炎、肺气肿和哮喘等呼吸系统疾病。对于已经有呼吸系统问题的个体，如老年人和儿童，PM2.5 的影响可能更加严重。此外，PM2.5 的细小颗粒能够穿透肺泡进入血液系统，这一过程可能引发或加重心血管疾病，如心脏病和中风。

由于 PM2.5 能够吸附各种有毒有机物和重金属，如多环芳烃、重金属离子等，它们对环境和生态系统的影响也非常显著。这些有毒物质可能在环境中积累，影响植物的生长及动物的健康。在较高浓度下，PM2.5 还会影响能见度，导致空气质量下降，从而影响交通安全和人们的生活质量。

PM2.5 的来源主要包括工业排放、交通运输、燃烧过程等多种人为活动。在工业生产过程中，特别是燃煤发电、钢铁生产等高温操作，会释放大量的细颗粒物。交通运输，特别是柴油发动机的车辆，是 PM2.5 的重要来源之一。此外，建筑施工和农业活动等也会释放一定量的 PM2.5。自然源如火山喷发、沙尘暴等也会释放细颗粒物，但相对于人为源，其影响较小。

针对 PM2.5 的监测和控制已经成为空气质量管理的重要组成部分。传统的监测方法包括使用过滤器收集颗粒物样本，并通过称重和分析来测定其浓度。近年来，随着科技的发展，激光散射仪、光学传感器等新技术被应用于细颗粒物的实时监测。这些先进的技术可以提供更精确的实时数据，从而帮助人们更有效地进行空气质量管理和污染控制。控制 PM2.5 的措施包括减少工业排放、改进交通运输排放标准、推广清洁能源等。交通运输领域则通过推广使用清洁燃料和加强排放标准来减少颗粒物排放。此外，一些城市还实施了限行措施、增加绿化带等，以降低空气中的 PM2.5 浓度。综合治理措施也可以显著降低 PM2.5 的浓度。

## (四)超细颗粒物

超细颗粒物（ultrafine particle，PM0.1）指的是空气动力学直径小于或等于 0.1 微米的颗粒物。这些极其微小的颗粒在空气中存在的时间非常长，且因其直径小于 0.1 微米，使其能够在大气中随风远距离传播。PM0.1 具有极强的穿透能力，能够进入呼吸系统的深部结构，包括终末细支气管和肺泡中。

PM0.1 的主要来源是汽车尾气。这些车辆在使用过程中产生的 PM0.1 不仅对环境造成了污染，也对居民的健康构成了严重威胁。与较大颗粒物不同，PM0.1 由于其尺寸极小，能够更容易地穿透空气屏障，深入人体呼吸道的各个部分，增加了与呼吸系统的直接接触机会。

由于其能深入肺泡并进入血液系统，PM0.1 被认为是引发各种健康问题的一个重要因素。这些健康问题包括但不限于呼吸系统疾病、心血管疾病等。由于 PM0.1 能够携带各种有毒物质，如重金属和有机化学品，这些有毒物质可以随着颗粒物进入体内，增加了慢性疾病的风险。此外，PM0.1 还被发现与各种炎症反应和免疫系统功能障碍相关联，这可能对长时间接触超细颗粒物的个体造成更严重的健康影响。

城市环境中的 PM0.1 的污染问题，尤其是来自汽车尾气的污染，已经引起了社会的广泛关注和研究。许多城市采取措施以减少这一污染源，包括加强车辆排放标准、推广清洁能源汽车、改善公共交通系统等。这些措施旨在减少汽车排放的 PM0.1 数量，从而减轻其对空气质量和公共健康的影响。

监测 PM0.1 通常使用高灵敏度的传感器和检测设备。这些设备可以实时测量空气中的 PM0.1 浓度，为空气质量管理提供数据支持。先进的仪器，如光散射仪和电荷分离器，能够检测 PM0.1 的存在，并提供详细的粒径分布信息。这些数据对于制定有效的控制措施、评估污染源及保护公众健康至关重要。在控制 PM0.1 的策略方面，减少排放是关键。工业和交通部门的减排措施对于降低 PM0.1 的浓度非常重要。对于交通工具，推广使用电动车和天然气车辆、提高燃料效率和减少排放是减少 PM0.1 浓度的有效途径。对于工业设施，安装高效的除尘和过滤设备、改进生产工艺是减少超细颗粒物排放的有效方法。此外，城市规划和绿化也能够间接减少 PM0.1 的浓度。通过增加城市绿地和植物覆盖，能够有效捕捉和吸附空气中的颗粒物。

## 二、森林对不同粒径颗粒物的过滤效率分析

森林对不同粒径颗粒物的过滤效率是一个复杂且具有重要生态意义的课题。在森林生态系统中，树木和植物在空气质量管理中扮演着至关重要的角色，它们通过多种机制对悬浮颗粒物进行过滤和滞留。具体而言，不同粒径的颗粒物在森林中表现出不同的沉降、吸附和截留效率，这取决于颗粒物的大小、森林的植物种类及其叶面结构等因素。

较大的颗粒物，如粒径大于 10 微米的总悬浮颗粒物，通常更容易被树木和森林植被截留和沉降。这些较大的颗粒物因为其较大的质量和体积，往往在空气中停留的时间较短，更容易受到重力的影响而沉降。森林中的树冠和树叶能够有效捕捉这些大颗粒物，防止其进一步扩散。树木的枝叶、树干及地面的植被提供了广泛的表面积，这使得较大的颗粒物能够有效附着在这些表面上，从而减少其在空气中的浓度。

森林中的树木和植物对于中等粒径颗粒物的过滤效果相对较好。树木的叶片和枝条的表面微结构，如气孔、绒毛和凹槽，能够提供额外的表面积用于捕捉这些颗粒物。中等粒径的颗粒物容易被树叶的表面特征所捕获，从而降低空气中的浓度。尤其是那些叶面具有较高粗糙度和密集绒毛的植物，其过滤效率通常较高。

细颗粒物在空气中的悬浮时间最长，森林对这些细颗粒物的过滤效率较低，但仍然具有一定的作用。细颗粒物能够长时间滞留在空气中，并穿透树冠进入森林内部。虽然森林的树叶和树枝对 PM2.5 的截留效果有限，但一些特殊的植物种类具有较好的吸附能力，能够在一定程度上减轻这些细颗粒物的浓度。

森林对于 PM0.1 的过滤效率极其有限，因为这些颗粒物非常容易通过树冠的缝隙进入森林内部。虽然树木和植物能够捕捉一部分 PM0.1，但由于其极小的尺

寸，这些颗粒物通常能够绕过植物表面，进入更深层次的环境。

森林生态系统对不同粒径颗粒物的过滤效率受多种因素的影响，包括树木的种类、叶片的微结构、气候条件及森林的整体结构。较大粒径的颗粒物主要通过沉降和物理拦截被森林捕捉，而中等粒径的颗粒物则通过叶面特征的作用得到过滤。森林生态系统对细颗粒物和超细颗粒物的过滤效率相对较低，但仍然有一定的滞留和吸附效果。总体来说，森林作为自然过滤系统，对于降低空气中的颗粒物浓度具有重要作用，但其效果依赖于多个因素的综合作用。

# 第四章　森林植物种类与防霾治污效果

## 第一节　常见森林植物对颗粒物的吸附能力

### 一、草本植物对颗粒物的吸附能力

草本植物在森林和城市环境中发挥了重要的生态作用，其对颗粒物的吸附能力尤其值得关注。草本植物的叶片通常较小且分布密集，这种特性使它们在捕捉空气中的颗粒物方面具有一定的优势。许多草本植物的叶片表面具备丰富的微细绒毛和气孔，这些结构能够有效地捕捉和保留空气中的尘埃、灰烬及其他微小颗粒物。植物的表面纹理和毛状突起能够增加颗粒物的附着面积，从而提升其吸附效果。

目前发现某些草本植物，如蒲公英和车前草，在颗粒物的捕捉上表现突出。蒲公英的叶片表面覆盖着细小的绒毛，这些绒毛能够有效地捕捉悬浮在空气中的颗粒物。蒲公英常常生长在道路边缘和空地上，这些区域的颗粒物浓度较高，蒲公英通过其特有的结构能够吸附这些颗粒物，进而减少空气污染。车前草的叶片也具有类似的特性，特别在湿润的环境中，其叶片上的微细结构能够增强颗粒物的附着能力。

草本植物的根系可以通过吸收土壤中的污染物质，间接减少颗粒物的生成。在雨水的冲刷作用下，土壤中的颗粒物容易被带入空气中，而草本植物的根系通过稳固土壤，减少了颗粒物的扬尘，从而有助于降低空气中的颗粒物浓度。由于土壤的压实和污染物的积累，草本植物的颗粒物捕捉能力可能会受到限制。而在较为自然的森林环境中，草本植物通常能够发挥更好的颗粒物吸附作用。尤其在森林地面的草本植物覆盖层较厚时，可以有效地捕捉落叶和其他微小颗粒物，这些颗粒物会被草本植物的叶片和地面植物层所吸附，从而降低空气中的颗粒物浓度。

合理选择草本植物的品种和配置，可以提升其对颗粒物的净化效果。例如，在城市道路两侧种植具有较强颗粒物吸附能力的草本植物，可以有效减少交通排放带来的空气污染。此外，通过适当的植物管理措施，如定期修剪和维护草本植物，可以确保其长期保持较强的颗粒物吸附能力。

## 二、灌木对颗粒物的吸附能力

灌木在森林和城市环境中不仅提供了生态景观，其对颗粒物的吸附能力也发挥了重要作用。灌木通常具有较为密集的枝叶结构，这种特性使其在捕捉空气中的颗粒物方面具有一定的优势。灌木的叶片相对较大且多样，表面通常覆盖有微细的绒毛和气孔，这些结构能够有效地捕捉和保留空气中的尘埃、花粉和其他微小颗粒物。灌木密集排列的叶片和丰厚的叶冠，为颗粒物的附着提供了更大的表面积，从而提高了其吸附效率。

在一些常见的森林灌木中，杜鹃、枸杞和刺梨等都表现出较强的颗粒物吸附能力。杜鹃的叶片厚实且表面有细微的毛状突起，这些特性有助于增强颗粒物的附着。杜鹃常生长在较为湿润的环境中，其叶片能够有效捕捉空气中的悬浮颗粒。枸杞则以其多叶、密集的灌木丛生特性，形成了对颗粒物的有效屏障。枸杞的叶片表面也有许多细小的纹理，这些纹理能够有效增加颗粒物的附着面积，尤其在风速较大的环境中，其捕捉颗粒物的能力尤为突出。

刺梨是一种适应性强的灌木，其叶片具备的微细绒毛和较强的气孔发育，使其对颗粒物的吸附效果显著。刺梨在干旱或半干旱的环境中也能有效发挥捕捉颗粒物的作用，这是因为其特殊的叶面结构能够捕捉和保留空气中的微小颗粒物。这些灌木通过其独特的叶片和枝条结构，能够有效降低空气中的颗粒物浓度，从而改善环境中的空气质量。

灌木能够通过其密集的叶冠和较大的叶片面积捕捉空气中的颗粒物。这些灌木在城市绿化带、街道两侧和公园中起到了重要的空气净化作用。特别在工业区和交通繁忙的地区，选择适合的灌木品种并进行合理种植，可以显著减少空气中的颗粒物。

灌木强大的根系系统能够固定土壤，减少风蚀和水蚀造成的颗粒物扬尘。通过根系的稳固作用，灌木能够减少土壤中的颗粒物被雨水冲刷或被风吹至空气中。此外，灌木的根系能够通过与土壤微生物的相互作用，进一步改善土壤质量，减少土壤中的污染物释放。

## 三、常绿树对颗粒物的吸附能力

常绿树常年保持绿色，不同于落叶树种，其叶片在全年中都能发挥作用。这种持续的叶片覆盖为颗粒物的捕捉和附着提供了稳定的环境。常绿树的叶片通常较为坚硬，表面覆盖有较为复杂的结构，如细小的绒毛、气孔和蜡质层，这些特性有助于增强其对颗粒物的吸附能力。叶片的长期存在使常绿树能够在四季变化中持续捕捉空气中的尘埃、花粉和其他微小颗粒物，降低空气中的污染物浓度。

### (一) 松树对固体颗粒物的吸附能力

松树在固体颗粒物的净化方面表现出色，尤其在森林和城市环境中，松树的特性使其成为有效的空气净化植物。松树的针叶结构和生长特性使其具备了高效捕捉空气中颗粒物的能力。松树的针叶细长且排列密集，其表面覆盖着细小的蜡质层和微小的刺状突起，这些特性增强了其对颗粒物的吸附能力。针叶的表面积较大，能够提供充足的附着空间，使松树在捕捉和保留空气中的灰尘、烟雾及其他微小颗粒物方面非常有效。

在松树的叶片表面，细小的气孔和微小的绒毛不仅能够捕捉颗粒物，还可以利用静电作用进一步提高其吸附效率。这种细微的表面结构和电荷特性，使松树能够有效地捕捉空气中悬浮的负离子颗粒。特别在空气污染较严重的区域，松树能够通过其针叶持续地吸附和过滤空气中的颗粒物，以减少污染物对环境和人类健康的影响。

树干和枝条的表面同样能够捕捉较大的颗粒物，这些颗粒物通常较重，容易沉降在树干和枝条上。松树的这种多层次的颗粒物捕捉机制，使其能够在空气净化方面发挥更全面的作用。尤其在城市环境中，松树通过其宽广的树冠覆盖和密集的枝叶结构，有效降低了空气中的颗粒物浓度，提高了空气质量。

在湿润的环境中，松树的叶片表面能够更好地捕捉和保留颗粒物，而在干燥的环境中，这种吸附能力可能会有所下降。此外，松树的种植密度也是影响其颗粒物净化效果的一个重要因素。在密集种植的情况下，松树能够形成较大的树冠覆盖，提高整体的颗粒物吸附能力。尤其在城市绿地和公园中，通过合理规划松树的种植密度，可以最大化其空气净化作用。

长期的监测和研究表明，松树对颗粒物的吸附过程可能对自身带来一些副作用。例如，过多的颗粒物积累在松树的叶片表面可能导致叶片变色或腐蚀，影响松树的生长和健康。因此，在实际应用中，需要对松树进行科学管理和维护，定期检查和清理叶片上的颗粒物，以确保其长期保持较好的净化效果。

## （二）杉树对固体颗粒物的净化效果

杉树在固体颗粒物的净化方面表现出独特的效果，这主要归功于其独特的生物学特性和生态功能。杉树的叶片呈针状，这种细长的叶片结构与广泛的枝条分布，使得杉树能够在风中提供较大的表面积用于捕捉空气中的颗粒物。针状叶片的结构不仅增加了叶片与空气的接触面积，还使得颗粒物能够更容易地附着在叶片上，从而减少空气中的固体颗粒物浓度。杉树的叶片密集，能够形成有效的屏障，捕捉和积累空气中的尘埃和微小颗粒物。

杉树的树冠较为紧凑，这种结构有助于降低空气流动速度，从而减少颗粒物的再悬浮和传播。风速的降低使得空气中的固体颗粒物更容易被捕捉和沉降，增强了杉树在固体颗粒物净化方面的效果。杉树的树干表面较为光滑，但其枝条的分布和叶片的密度能够有效地影响空气流动，从而间接减少颗粒物的悬浮和传播。

在根系方面，杉树的根系发达，能够减少因风力和降雨引起的土壤颗粒飞扬。强大的根系结构不仅能够防止土壤侵蚀，还能降低因土壤颗粒重新悬浮而导致的空气污染。杉树的根系还具有较强的吸水能力，能够在降雨后吸收大量水分，减少地表水流的速度，从而降低土壤颗粒物的再悬浮，进一步提高空气净化效果。杉树不仅在其生长过程中能够有效地捕捉空气中的固体颗粒物，还能通过其根系的作用减少土壤颗粒的飞扬。

杉树的生长较为缓慢，但其寿命较长，能够在较长的时间内持续发挥净化作用。为了确保杉树能够保持健康的生长状态，定期的修剪和管理是必要的。通过合理的管理，可以帮助杉树维持最佳的生长状态。定期的维护和管理不仅能够提高杉树的生长质量，还能够增强其在空气净化中的作用。

由于常绿树能全年保持绿色，其对颗粒物的持续捕捉能够显著改善森林区域的空气质量。在森林中，常绿树的叶片覆盖层能够有效吸附空气中的尘埃和微小颗粒，减少这些颗粒物的飘散。常绿树的根系也对颗粒物浓度的减少有一定作用。此外，常绿树的根系通过吸收土壤中的污染物质，有助于减少土壤中的颗粒物释放，从而间接降低空气中的颗粒物浓度。常绿树的这种综合作用使其成为提升环境质量的重要植物。

## 四、落叶树对颗粒物的吸附能力

与常绿树相比，落叶树在秋冬季节失去叶片，虽然这意味着其对颗粒物的吸附能力会有周期性减少，但在其他季节，落叶树的叶片在颗粒物的捕捉方面发挥了重要作用。落叶树的叶片在生长期内通常较大且表面具有丰富的纹理，这些特性有助于提升其对颗粒物的吸附能力。叶片的宽大表面提供了更多用于捕捉空气中的尘埃、花粉和微小颗粒物的空间。

### （一）柳树对固体颗粒物的吸附能力

不同树种对固体颗粒物的净化效果因其生物学特性和生态习性有所不同，柳树作为一种常见的树种，在这一方面表现出独特的优越性。柳树的叶片大而密集，其较大的表面积和较密的叶片排布有助于捕捉空气中的固体颗粒物。叶片的细腻表面可以有效地吸附空气中的尘土和颗粒物，从而降低空气中的污染物浓度。此外，柳树的枝条和树干也起到了辅助净化的作用。树干表面的粗糙纹理能够减缓气流速度，使固体颗粒物更容易被捕捉和沉降。

柳树的根系结构对固体颗粒物的净化效果具有间接影响。柳树根系发达，能够在土壤中形成复杂的网络，增强土壤的稳定性。这种根系的存在有助于减少土壤侵蚀，从而减少因风力引起的土壤颗粒的飞扬，间接减少了空气中的固体颗粒物。在降雨时，柳树的根系还能吸收一部分雨水，降低地表水流的速度，这也有助于减少颗粒物的再悬浮。

柳树在生长过程中能够释放一些有机物质，这些有机物质可能对颗粒物的吸附及净化也有促进作用。柳树的叶片和枝条在自然降解过程中，能够形成腐殖质，这些腐殖质可以与空气中的颗粒物结合，形成较大的复合体，增加颗粒物的沉降概率。柳树不仅在生长期中能够有效地捕捉和沉降颗粒物，还能够通过生物降解作用进一步减少空气中的污染物。

柳树的生长环境对其净化固体颗粒物的效果也有一定影响。柳树的生长状态越旺盛，其叶片和枝条的生物量就越大，能够提供更大的表面积用于颗粒物的捕捉，净化效果更为显著。而在干旱或半干旱地区，由于水分的限制，柳树的生长可能会受到影响，其净化效果也会有所下降。

### （二）白杨树对固体颗粒物的吸附能力

白杨树在固体颗粒物的净化方面展现了显著的优势。其特有的树冠结构和叶片形态对颗粒物的捕捉和沉降具有独特的作用。白杨树的叶片长而狭窄，相比其他树种，这种叶片结构能够在风力的作用下增加颗粒物的附着面积。这些细长的叶片可以有效地捕获空气中的尘埃和微小颗粒，从而降低空气中的固体颗粒物浓度。此外，白杨树的树冠通常较为稀疏，但叶片数量众多，这种结构使空气流动更加顺畅，同时让空气中的颗粒物更容易被捕捉和积累。

通常，白杨树生长在湿润的环境中，根系发达，能够有效地固定土壤。这种强大的根系结构不仅减少了土壤侵蚀，还减少了由于风力引起的土壤颗粒的飞扬。通过减少土壤的再悬浮，白杨树间接地降低了空气中的固体颗粒物浓度。特别在降雨时，白杨树的根系能够吸收大量的雨水，从而降低了地表水流的速度，这进一步降低了颗粒物的重新悬浮和传播。

白杨树的叶片表面覆盖有一层细腻的蜡质，这种蜡质层具有良好的防水性能，也能够有效地吸附空气中的固体颗粒物。在风力较大的情况下，白杨树的叶片能够通过摩擦作用捕获更多的颗粒物。风速的变化会影响颗粒物的沉降速度和分布，白杨树凭借其特殊的叶片结构，在不同的风速条件下都能维持较好的吸附效果。

白杨树的种植也具有一定的生态效益。其树干笔直，树冠开阔，能够提供广泛的遮阴区域。这样的特性不仅使其在城市绿化中占据重要位置，还能帮助调节城市微气候，降低局部温度。通过这些方式，白杨树能够在提高空气质量的同时，改善城市环境的舒适度和生态环境。

## （三）银杏树对固体颗粒物的吸附能力

银杏树的叶片呈扇形且宽大，表面积相对较大，这种结构有助于捕捉空气中的固体颗粒物。宽大的叶片可以有效地增加与空气的接触面积，从而提高对颗粒物的吸附能力。在风力较小的环境中，银杏树的叶片也能够有效地捕捉和积累悬浮在空气中的微小颗粒，改善空气质量。

银杏树的叶片表面具有一定的毛状结构，这种微小的绒毛可以增加叶片的表面粗糙度，有助于颗粒物的附着。绒毛的存在使空气中的固体颗粒物更容易在叶片上停留，从而降低这些颗粒物在空气中的浓度。这种特性使银杏树在秋冬季节尤其重要，因为在落叶后，这些叶片可以在土壤表面形成覆盖层，进一步防止土壤中的颗粒物再悬浮，具有一定的防尘作用。

银杏树的适应性和生长特性使其成为常见的绿化树种。银杏树的生长周期较长，能够在城市绿化中较持久地发挥作用。银杏树的耐污染能力也相对较强，能够在空气质量较差的环境中生长良好，这使其在治理城市空气污染方面具有较大的潜力。银杏树的广泛应用不仅能有效降低空气中的固体颗粒物，还能够改善城市的生态环境，提高居民的生活质量。

## （四）槐树对固体颗粒物的吸附能力

槐树在固体颗粒物的净化方面展现出独特的优势，这主要得益于其独特的生物学特性和生态功能。槐树的叶片细长且为羽状复叶，这种结构增加了其叶片的表面积，有助于提高对空气中固体颗粒物的捕捉能力。槐树叶片的细长形状和较高的叶片密度，使在风吹过时，更多的颗粒物能够附着在叶片表面，从而降低空气中的颗粒物浓度。槐树的叶片在捕捉空气中的尘埃和微小颗粒方面表现出较好的效果，能够有效降低空气中的污染物水平。

槐树的树冠通常较为宽广，这种结构使槐树能够提供较大的遮阴区域，减少了阳光直射对地面的影响，同时降低了地面的风速。风速的降低有助于减少空气中颗粒物的再悬浮和传播，进一步提高了槐树在固体颗粒物吸附方面的效果。槐树的树干表面比较粗糙，这种粗糙的纹理也能够增加颗粒物的附着机会，从而进一步降低空气中的固体颗粒物浓度。

在湿润环境中，槐树能够充分发挥其叶片的捕捉能力，有效地降低空气中的固体颗粒物。然而，在干旱或极端气候条件下，槐树的生长可能会受到影响，从而降低其吸附固体颗粒物的效果。因此，在城市绿化或环境治理中，需要考虑当地的气候条件，并进行科学管理，确保槐树能够发挥最佳的净化效果。此外，槐树树冠提供的遮阴区域能够有效地调节城市微气候，进一步提高空气质量。

槐树的生长较为迅速，能够在较短的时间内形成较大的树冠，这使其在短时间内就能发挥显著的净化作用。然而，槐树在生长过程中需要一定的维护和管理，以确保其能够保持健康的生长状态，从而持续地发挥净化作用。定期的修剪和管理可以帮助槐树维持最佳的生长状态，提高其在固体颗粒物净化方面的效果。

### （五）枫树对固体颗粒物的吸附能力

枫树的叶片大而宽广，通常呈掌状，这种结构使其叶片具有较大的表面积，从而能够捕捉更多的固体颗粒物。宽大的叶片不仅增加了与空气中颗粒物的接触面积，还能有效地降低空气中的污染物浓度。枫树的叶片能够提供更多的附着点，从而捕捉和积累悬浮在空气中的微小颗粒物，进一步净化空气。枫树的叶片边缘呈锯齿状，这种独特的叶缘结构有助于增加叶片的表面粗糙度，提高颗粒物的附着能力。锯齿状的叶缘能够有效地防止颗粒物的再悬浮，增强颗粒物的沉降效果。这种结构使枫树在空气流动中能够更有效地捕捉颗粒物，降低空气中的固体颗粒物浓度。枫树的叶片在不同的季节中表现出不同的功能，尤其在秋冬季节，落叶能够形成覆盖层，持续改善空气质量。

枫树的枝条和树干也在固体颗粒物的净化过程中发挥了作用。枫树的树冠较为广阔，能够提供较大的遮阴区域，这种广阔的树冠有助于减少阳光直射对地面的影响。风速的降低有助于减少空气中颗粒物的再悬浮和传播，进一步提高了枫树在固体颗粒物的吸附效果。枫树的树干表面较为光滑，但枝条的分布也能影响空气流动，从而间接地减少颗粒物的悬浮和传播。

落叶树的根系还能通过吸收土壤中的营养物质，促进土壤健康，进一步减少颗粒物的生成和释放。虽然落叶树在秋冬季节失去叶片，但其在春夏季节，对颗粒物捕捉能力依然十分强大。在城市绿化中，合理安排落叶树的种植，可以利用其生长季节中强大的颗粒物吸附能力，减少空气中的污染物。选择适合的落叶树品种并进行科学管理，可以最大化其在不同季节中的空气净化效果。

## 第二节　森林生态系统多样性与防霾治污的关系

### 一、森林生态系统多样性的增加可以提升空气净化效果

随着城市化进程的加速和工业活动的增加，尤其是雾霾现象的频发，对人类健康和生态环境产生了严重威胁。在这种背景下，提升空气质量成为全球关注的重要议题之一。森林作为地球上重要的生态系统之一，在净化空气、减少污染方面具有显著作用。而森林多样性的增加，则能进一步提升其空气净化效果。

森林生态系统的多样性是指森林生态系统中植物、动物、微生物等各种生物种类的丰富程度。一个具有高度多样性的森林生态系统，通常包含了多种不同的树种、灌木、草本植物、藤本植物及多样的动物和微生物群落。这种多样性使森林在生态功能和生态服务方面表现出更强的稳定性和抗逆性，从而更有效地应对外界环境的变化和干扰。

森林通过光合作用吸收二氧化碳并释放氧气，这是森林在空气净化方面的基本功能之一。光合作用不仅减少了大气中的二氧化碳含量，有助于缓解全球变暖问题，还增加了空气中的氧气浓度。在多样性的森林生态系统中，植物种类繁多，不同种类的植物在不同的生长季节和不同的光照条件下进行光合作用，从而在全年内更持续、更高效地吸收二氧化碳，释放氧气。多样性的植物群落可以更好地利用光资源和土壤中的养分，进一步提高光合作用的效率。

森林不仅能够吸收二氧化碳，还能吸附和吸收空气中的其他污染物，如二氧化硫、氮氧化物、臭氧及悬浮颗粒物等。雾霾的形成主要是由于这些污染物在大气中积累并相互反应。多样性的森林生态系统通过叶片、树皮、枝条等部分的物理吸附和化学吸收作用，将这些有害物质“捕捉”下来。例如，不同种类的树

木和植物对不同污染物有不同的吸附和吸收能力，某些树种对二氧化硫具有较强的吸附能力，而另一些树种可能对氮氧化物更为敏感。通过多样化的植物群落组合，森林可以更全面、更高效地吸收各种类型的空气污染物。

森林生态系统多样性还通过改善土壤结构和保持水分来间接影响空气质量。多种植物的根系交错复杂，可以有效防止土壤侵蚀，保持土壤结构的稳定。这不仅保护了土壤资源，还降低了土壤中的污染物随雨水流入水体的风险，从而保护了水资源。同时，健康的土壤结构有助于植物更好地吸收水分和养分，提高植物的生长活力，进而增强其空气净化功能。森林植被通过拦截降水，促进水分渗入地下，从而减少了污染物进入水体的机会。

在一个多样性的森林生态系统中，不同种类的植物和动物之间形成了复杂的生态关系且相互依赖，这种复杂性使生态系统在面对外部干扰和极端天气事件时具有更强的恢复能力。例如，在受到暴风雨、干旱或病虫害等冲击时，多样性的植物群落能够更快地恢复生长，并重新发挥其生态功能，从而持续提供空气净化等生态服务。这种生态系统的稳定性和恢复力，对于保持空气质量和应对气候变化具有重要意义。

## 二、多样性的森林生态系统能够更高效地吸收和储存二氧化碳

多样性的森林生态系统能够更高效地吸收和储存二氧化碳，这一特性对于应对气候变化和改善空气质量具有重要意义。随着全球工业化进程的加快，人类活动导致的大量二氧化碳排放已成为全球变暖和环境污染的主要原因之一。森林作为地球的“碳汇”，在减少大气中的二氧化碳含量、缓解温室效应方面发挥着不可替代的作用。

森林通过光合作用吸收二氧化碳并将其转化为有机物质，是森林在碳循环中最基本的功能。在多样性的森林生态系统中，植物种类丰富，每种植物在不同的生长阶段和季节中具有不同的光合作用能力。不同植物之间的光合作用效率和碳吸收能力有所不同，季节性的生长周期和生态位的多样性使整个森林在全年内能更持续、更高效地进行光合作用。这种多样化的光合作用模式，确保了碳吸收的稳定性和持续性，极大地提高了森林生态系统的整体碳汇能力。

多样化的森林生态系统在碳的固定和储存方面表现出更高的效率和稳定性。在一个物种丰富的森林中，不同树种和植物在其生命周期中以不同的速度和方式固定和储存碳。一些树种生长迅速，能够在短时间内吸收大量二氧化碳并将其转化为生物量，而另一些树种生长缓慢，但其木材密度高，能够长期储存大量碳。多样性的森林生态系统通过不同树种的互补作用，实现碳的高效固定和长期储存。例如，速生树种在早期阶段迅速吸收二氧化碳，而长期生长的乔木则能够在其漫长的生命周期中持续储存碳。这种多样化的碳储存机制，使森林生态系统能够在不同时间尺度上稳定地固定和储存碳，有效应对气候变化。

森林土壤是一个巨大的碳库，其中储存的碳量甚至超过了地上植物生物量中的碳含量。多样性的植物根系通过交错复杂的网络结构，有效增加了土壤有机质的积累，促进了土壤中碳的固定。不同植物的根系深度和形态不同，一些植物根系较浅，有助于表层土壤的碳积累，而另一些植物根系深入土壤深层，增加了深层土壤的碳储存。通过这种多样化的根系结构，森林生态系统能够在不同土层中有效固定和储存碳，从而增强了土壤碳库的稳定性。

森林生态系统的多样性在应对气候变化和极端天气事件方面也表现出显著优势。多样性的森林生态系统通常具有更强的抗逆性和恢复力，能够更有效地应对外界环境的变化和干扰。例如，在极端天气事件，如暴风雨、干旱或病虫害的侵袭后，多样性的森林生态系统能够更快地恢复其生态功能，并继续发挥其碳吸收和储存作用。这是因为不同树种和植物在面对环境压力时具有不同的耐受能力和恢复机制，多样化的种群结构增加了生态系统的整体稳定性和恢复能力。

## 三、森林生态系统的温度调节功能有助于防止污染物的生成和扩散

森林生态系统的多样性与防霾治污之间的关系是复杂而多层面的，其中一个重要方面是多样性的森林生态系统的温度调节功能对减少污染物生成和扩散的贡献。随着全球气候变化的加剧和人类活动的影响，城市热岛效应和大气污染问题日益突出。森林作为自然界的“空调”，其温度调节功能在应对这些环境问题中发挥着至关重要的作用。而具有高多样性的森林生态系统在温度调节方面表现得尤为显著，从而在防止污染物生成和扩散方面具有重要意义。

森林通过蒸腾作用和遮阴效应调节局部气候，从而降低地表温度，减轻热岛效应。蒸腾作用是植物通过叶片蒸发水分的过程，这一过程不仅有助于植物自身的温度调节，还通过蒸腾散热降低周围环境的温度。在一个多样性的森林生态系统中，不同种类的植物在不同时间段和气候条件下进行蒸腾作用，形成了一个持续的降温机制。这种多样性的植物群落能够更有效地利用水资源，增强蒸腾作用，从而更显著地降低地表温度。此外，森林中的树冠层通过遮阴效应减少了太阳辐射直射地面，进一步降低了地表温度。多样性的树冠层结构使森林在不同高度和密度下形成了多层次的遮阴效果，提高了整体的温度调节能力。

高温条件下，大气中的化学反应速率加快，尤其是光化学反应更为活跃，这些反应生成了大量的二次污染物，如臭氧和二次有机气溶胶（SOA）。这些二次污染物是雾霾的重要组成部分，对空气质量和人类健康造成严重威胁。通过降低局部气温，森林可以有效减缓这些光化学反应的速率，从而减少二次污染物的生成。尤其在夏季高温时期，具有高多样性的森林生态系统通过其强大的温度调节功能，显著降低了地表和近地层空气的温度，减少了污染物的生成。

森林生态系统的多样性在调节湿度方面也具有重要作用，这对减少污染物的扩散同样至关重要。森林通过蒸腾作用增加了空气中的湿度，这一过程不仅有助于降温，还影响了空气中颗粒物和气态污染物的行为。较高的湿度使空气中的颗粒物容易凝结和沉降，减少了其在大气中的悬浮时间和扩散范围。同时，湿度的增加还影响了大气中的气态污染物。这些气态污染物在高湿度条件下容易发生化学反应，形成硫酸盐和硝酸盐颗粒，进而沉降到地表，降低了其在大气中的浓度和缩小了扩散范围。多样性的森林生态系统通过增强蒸腾作用，提高局部湿度，从而在减少气态污染物的扩散和转化方面发挥重要作用。

森林生态系统的多样性在改善空气流动和降低污染物浓度方面也表现出显著优势。多样性的森林结构形成了复杂的三维空间，这种结构不仅增强了空气的流动性，还增强了污染物的扩散和稀释效果。不同高度和密度的植物群落共同作用，形成了多层次的空气流动通道。这些通道有助于减少局部污染物的积累，促进污染物的扩散和稀释，从而降低了空气中的污染物浓度。

极端天气事件，如热浪、暴风雨和干旱等，不仅直接影响人类健康和生态系统的稳定，还加剧了大气污染问题。例如，在热浪期间，多样性的森林生态系统通过其强大的温度调节功能，降低局部气温，缓解热岛效应，减少高温对大气污染物生成的影响。在暴风雨和干旱期间，多样性的森林生态系统通过植物复杂的根系结构和水分调节能力，提高土壤的水分保持能力和植被的恢复能力，从而减缓极端天气对生态系统的破坏，保持其空气净化功能的持续性。

## 四、多样化的森林植被覆盖有助于降低空气中尘埃颗粒的浓度

森林生态系统的多样性与防霾治污之间的关系涉及多个层面，其中一个重要方面是多样化的森林植被覆盖对减少空气中尘埃颗粒浓度的贡献。随着城市化进程的加快和工业活动的增加，空气中的尘埃颗粒浓度逐渐上升，成为全球空气污染的主要问题之一。高浓度的尘埃颗粒不仅对人类健康构成威胁，还对生态系统造成负面影响。森林生态系统作为自然界中的重要生态系统，其植被覆盖在减缓空气中尘埃颗粒浓度方面发挥了至关重要的作用，而多样性的森林植被覆盖则进一步增强了这一功能。

森林植被通过直接拦截和沉降空气中的尘埃颗粒，减少了空气中的颗粒物浓度。树木、灌木和草本植物的叶片、枝条和树皮等表面能够有效捕捉空气中的悬浮颗粒物。这些颗粒物在植被表面被拦截后，可能通过降水、风力或自然降解的过程从空气中沉降下来，降低了大气中的颗粒物浓度。不同种类的植物在捕捉尘埃颗粒方面表现出不同的能力。例如，针叶树种通常具有较大的表面积和较强的气孔功能，能够更有效地捕捉和拦截空气中的细小颗粒物。而阔叶树种则通过叶片的蜡质层和表面纹理，增加了对较大颗粒物的拦截能力。植被种类丰富，每种植物在不同的生长阶段和季节中具有不同的颗粒物捕捉能力，从而形成了一个综合的尘埃颗粒拦截网络，提高了整体的空气净化效果。

多样化的森林植被覆盖通过改变风速和风向，进一步降低了空气中尘埃颗粒的浓度。森林植被的存在可以显著改变地表的气流模式。森林中的树冠层通过阻挡和引导风流，减缓了风速，从而削弱了风力将尘埃颗粒吹散到空气中的能力。在多样化的森林生态系统中，形成了复杂的风流通道。这些通道有助于拦截和沉降空气中的尘埃颗粒。此外，多样化的植被结构还可以减少局部风速的变化，稳定空气流动，从而进一步降低尘埃颗粒的再悬浮和扩散。

植物的根系通过稳定土壤结构，减少了土壤侵蚀和扬尘。土壤侵蚀是导致尘埃颗粒释放到空气中的一个重要因素。当土壤表层被风力或水流冲刷时，土壤中的颗粒物被释放到空气中，提高了空气中的尘埃颗粒浓度。多样化的森林植被通过其根系的交错结构，有效地保持了土壤的稳定性，减少了土壤侵蚀和扬尘现象。植物的根系深度和覆盖范围各异，这种结构能够更有效地稳定土壤，减少颗粒物的释放。多样性的森林生态系统还通过改善土壤湿度和减少土壤干旱，进一步降低了尘埃颗粒的浓度。此外，较高的土壤湿度也减少了土壤表面的扬尘，进一步降低了空气中的尘埃颗粒浓度。

## 第三节　植物群落结构对颗粒物控制的影响

### 一、植被层次结构对颗粒物控制的影响

植物群落结构对颗粒物控制的影响是一个复杂而重要的研究领域，其中植被层次结构对颗粒物的控制具有显著的作用。植被层次结构指的是植物在垂直和水平空间上的分布及其结构特征，包括树冠层、灌木层、草本层和地被层等。不同的植被层次结构对空气中的颗粒物有着不同的捕捉和控制效果，进而影响空气质量和环境健康。

植被层次结构通过不同层次的植物对颗粒物的拦截和沉降起到了关键作用。森林生态系统中的树冠层、灌木层和草本层各自具有不同的功能和特性，形成了一个综合的颗粒物控制系统。在树冠层，树木的叶片和枝条通过直接拦截空气中的悬浮颗粒物，减少了颗粒物的进入和扩散。树冠层的叶片面积和结构对颗粒物的拦截有着重要影响。大叶面积、密集的树冠层能够捕捉更多的颗粒物，而一些植物的叶片结构，如细长的叶脉或粗糙的表面，能够增强对颗粒物的附着能力。

灌木层和草本层则通过其较低的植被层次对颗粒物的捕捉和沉降发挥作用。灌木层和草本层通常具有较密集的植被结构和较低的高度，这些特性使它们在捕捉和拦截颗粒物方面发挥了重要作用。灌木和草本植物的叶片和茎干通过物理拦

截和吸附作用，进一步降低了空气中的颗粒物浓度。例如，草本植物的细密叶片和茎干可以有效捕捉和沉降较小的颗粒物，而灌木层通过其较大的叶片和分枝结构，提供了更大的表面积用于颗粒物的捕捉和沉降。

植物的分布密度、层次结构的复杂性，以及不同植物间的间隔，对颗粒物的拦截和沉降有着直接的影响。较高的植被密度和较复杂的层次结构能够提供更大的拦截表面，并形成更加稳定的空气流动通道，从而增强颗粒物的捕捉和沉降效果。例如，在一个多层次的植被系统中，树冠层和灌木层可以共同作用，形成一个较为完整的颗粒物控制系统。树冠层的拦截和沉降作用与灌木层和草本层的捕捉效果相互补充，从而提高整体的颗粒物控制效率。

植被的季节性变化、植物的生长周期和植物的生命周期都会影响其对颗粒物的控制能力。例如，落叶植物在秋冬季节叶片脱落后，对颗粒物的捕捉能力会有所下降，而常绿植物能够在全年维持较好的颗粒物拦截效果。此外，植物的生长速度和密度也会影响其对颗粒物的控制能力。快速生长的植物能够在短时间内提供较高的植被覆盖度，增强对颗粒物的拦截和沉降效果，而生长较慢的植物需要更长时间才能发挥其对颗粒物的控制作用。

森林中的树冠层和灌木层可以有效阻挡和引导风流，降低风速，减少颗粒物的再悬浮和扩散。树冠层通过其对风流的阻挡作用，降低了风速，从而减少了颗粒物被吹散到空气中的可能性。灌木层和草本层则通过其较低的高度和密集的植被结构，进一步增加了风流的阻力，减少了颗粒物的再悬浮和扩散。

植被层次结构的变化也会影响颗粒物的源头和汇聚。例如，高层次的植被结构可以有效阻挡来自道路和工业区的颗粒物，减少其向空气中的释放。同时，植被层次结构还能影响颗粒物的沉降和汇聚，降低局部区域内颗粒物的浓度。例如，在城市公园和绿地中，丰富的植被层次结构能够有效地减轻城市的热岛效应和道路扬尘，从而改善局部空气质量。

## 二、叶片形态和表面特性对颗粒物控制的影响

在植物群落结构对颗粒物控制的影响中，叶片形态和表面特性扮演着至关重要的角色。叶片不仅是植物进行光合作用和呼吸的主要部位，还直接参与空气中颗粒物的捕捉和沉降。叶片的形态和表面特性对颗粒物的控制能力有着显著的影

响，这些因素决定了植物在净化空气过程中的效率。

叶片的大小、形状和表面纹理等都决定了其对空气中颗粒物的截留能力。较大的叶片面积通常能够提供更大的表面积用于颗粒物的附着和捕捉。例如，宽大的叶片如大槭树的叶子，能够有效地捕捉空气中的较大颗粒物，如PM10。这些较大的颗粒物由于其较高的质量和较低的气流速度，更容易被大面积的叶片拦截。相比之下，较小的叶片如某些草本植物的叶片，虽然总表面积较小，但其较高的密度和覆盖率同样能够有效捕捉空气中的较小颗粒物，如PM2.5。

叶片的边缘形状、叶脉分布和叶片的厚度都会影响其对颗粒物的附着和捕捉。例如，具有深裂边缘的叶片如槭树的叶子，可以在风力作用下形成一定的气流涡流，使颗粒物更容易沉积在叶片表面。而一些植物的叶片具有特殊的表面纹理，例如小白杨的叶片表面具有细小的毛状突起，这些特征能够增加颗粒物的附着力，从而提高颗粒物的捕捉效率。

叶片表面的光滑度、粗糙度，以及存在的蜡质层等都对颗粒物的附着有着直接影响。光滑的叶片表面通常不利于颗粒物的附着，因为颗粒物容易从表面滑落。粗糙或具备蜡质层的叶片表面则能够提供更好的颗粒物附着环境。例如，具有蜡质层的叶片如橡树的叶子，其表面具有较强的颗粒物附着能力，可以有效捕捉和截留空气中的细小颗粒物。此外，某些植物的叶片表面具有微细的毛状结构，这些结构能够增强对颗粒物的捕捉能力，提高其控制效果。

湿润的叶片表面能够增强颗粒物的附着力，因为湿润的表面具有更强的黏附力，使颗粒物不容易从叶片上脱落。植物的蒸腾作用能够增加叶片表面的湿度。在降雨后，叶片表面的水膜能够帮助清洗积累的颗粒物，保持叶片的清洁度和持续的颗粒物控制能力。然而，如果叶片表面积累了过多的污染物，可能会影响其正常功能，减少对新颗粒物的捕捉能力。

植物的生长速度、叶片的更替频率及叶片的老化程度等都会影响其对颗粒物的捕捉能力。快速生长的植物能够在较短时间内提供大量的叶片表面积，从而增强对颗粒物的拦截效果。而老化的叶片可能由于表面磨损和功能下降，导致对颗粒物的捕捉能力有所减弱。此外，植物的季节性变化也会对叶片的颗粒物控制效果产生影响。

不同植物种类之间的叶片特性差异也导致了其对颗粒物的控制效果差异。例如，常绿植物和落叶植物在颗粒物控制上的表现有所不同。常绿植物由于其叶片在全年保持活性，能够持续有效地捕捉空气中的颗粒物，而落叶植物则只能在生长季节发挥作用。因此，在植被配置和空气质量管理中，需要综合考虑不同植物的特性，以实现更好的颗粒物控制效果。

## 三、植被密度对颗粒物控制的影响

植被密度指的是单位面积内植物的生物量或覆盖度，它对空气中颗粒物的控制效果有着显著影响。植被密度不仅决定了植物的覆盖程度，还影响了植物的交互作用和生态功能，从而对颗粒物的拦截和沉降产生重要作用。

较高的植被密度能够提供更大的叶面积指数（LAI），从而提高对颗粒物的拦截能力。叶面积指数是指单位地表面积上的叶面积总量，直接影响植物的空气净化功能。较高的叶面积指数意味着植物能够覆盖更大的地表区域，提供更大的表面用于颗粒物的附着和捕捉。例如，在植被密度较高的森林或绿地中，密集的植被能够形成一个较为全面的颗粒物拦截网络。这种网络不仅能捕捉来自空气中的颗粒物，还能减少颗粒物的再悬浮和扩散，从而有效降低空气中的颗粒物浓度。

植被密度对风速和风向的调节也会对颗粒物控制产生重要影响。密集的植被可以有效地降低风速，减弱风力对颗粒物的再悬浮和扩散作用。较高的植被密度通过阻挡和引导风流，形成了一个较为稳定的气流环境，这有助于将颗粒物留在植物表面，并减少其在空气中的悬浮时间。例如，密集的绿带和树木能够有效地降低风速，从而降低道路扬尘和工业排放的颗粒物对空气的影响。此外，植被密度较高的区域能够形成一定的风流屏障，防止颗粒物的扩散和传输。

植被密度还通过影响植物间的竞争和相互作用，进一步影响对颗粒物的控制效果。在植被密度较高的区域，植物间的相互竞争可能导致更高的植物生长速率和更密集的叶片分布，这能够提高颗粒物的捕捉和沉降能力。例如，高密度的植被区域通常能够形成较为复杂的植物群落结构，可以增加植物的生物量和叶面积，从而提高颗粒物的拦截效果。与此同时，植物间的相互作用还可能促进植物的生长和健康，进一步提高其对颗粒物的控制能力。

在植被密度较低的区域，植物的覆盖度不足，导致叶片表面积较小，颗粒物的捕捉效果受到限制。较低的植被密度可能导致空气中颗粒物的沉降能力下降，颗粒物在空气中的浓度可能会相对较高。这是因为较少的植物无法有效截留和沉降空气中的颗粒物，导致颗粒物容易在空气中传播和扩散。此外，较低的植被密度还可能导致植物间的间隔较大，降低了对空气中颗粒物的全面拦截能力。

植被密度对颗粒物控制的影响也与植被的类型和功能有关。不同类型的植物具有不同的叶片特性、根系结构和生长习性，这些因素都会影响其对颗粒物的控制能力。例如，某些树种和灌木种类的植被密度较高，能够提供较强的颗粒物拦截能力，而一些草本植物则可能由于其较小的叶片面积和较低的生长密度，对颗粒物的控制效果较差。

植被密度还可能通过影响局部气候和微环境，对颗粒物的控制产生间接影响。较高的植被密度通常能够增加局部的湿度和减少地表温度，这有助于颗粒物的沉降和附着。植物的蒸腾作用能够增加空气中的湿度，提高颗粒物的凝结和沉降能力。同时，植被密度较高的区域能够降低地表温度，这也有助于降低颗粒物的扩散和悬浮。

## 四、植物多样性和混合种植对颗粒物控制的影响

植物的多样性和混合种植不仅增加了生态系统的复杂性，还通过多种途径提高了对空气中颗粒物的控制效果。植物多样性和混合种植能够在不同层面上影响颗粒物的拦截、沉降和空气质量的改善，从而提供更多的生态效益。植物多样性通过提供不同的叶片形态、大小和表面特性，提高了对颗粒物的截留和控制能力。在一个多样化的植物群落中，植物种类的多样性导致了叶片特性和生长习性的多样性。例如，一些植物可能具有较大的叶片面积和粗糙的表面，有助于捕捉较大的颗粒物，而另一些植物则可能具有细小的叶片和较强的附着力，适合捕捉细小的颗粒物。这样的植物多样性能够形成一个综合的颗粒物捕捉网络，提高对不同类型颗粒物的控制效果。

通过种植不同种类的植物，可以在不同层次上提高颗粒物的截留效果。例如，树木、灌木和草本植物的混合种植能够形成多层次的植被结构，这种结构能够提供更大的表面积和空间用于颗粒物的附着和捕捉。树木的高大冠层能够捕捉较大的颗粒物，而灌木和草本植物则可以提高较低层次的颗粒物拦截功能。这种

层次化的植被结构能够有效增加整体的颗粒物截留能力，降低空气中的颗粒物浓度。

不同植物对环境变化的适应能力有所不同，这使整个群落能够在面对各种气候和环境条件时保持较好的功能稳定性。例如，在极端天气条件或干旱时期，多样性的植物群落能够通过不同的生长习性和适应策略，维持较高的颗粒物控制效果。相比之下，单一植物种类的群落可能在面对环境变化时表现出较低的适应性，导致颗粒物控制能力的下降。

混合种植还能促进植物的生长和健康，进一步增强其对颗粒物的控制能力。例如，某些植物可以通过提供遮阴、改善土壤结构和增加营养供应等方式，促进其他植物的生长。这种互助关系能够提高整个植物群落的健康水平，从而增强对颗粒物的捕捉和控制能力。

植物多样性和混合种植还通过影响风速和风向，对颗粒物控制产生间接影响。植物的不同高度和密度能够改变风流模式，降低风速，从而防止颗粒物的再悬浮和扩散。例如，高大的树木和低矮的灌木混合种植能够形成复杂的风流通道，这些通道能够有效地截留和沉降空气中的颗粒物。此外，植物间的间隔和分布也能影响风流的稳定性，进一步提高颗粒物控制效果。

植物多样性和混合种植对颗粒物的控制不仅提升了空气质量，还对其他生态功能产生了积极影响。例如，多样性的植物群落能够提高土壤的保护能力，减少土壤侵蚀和扬尘，从而维护土壤健康和生态平衡。此外，多样化的植物群落能够为各种动植物提供多样的栖息环境，促进生物多样性的保护和生态系统的稳定。

在城市绿化和生态恢复的实践中，植物多样性和混合种植的应用越来越受重视。例如，在城市公园、绿带和道路绿化带中，种植多样化的植物群落能够提供更好的空气质量改善效果，同时提升城市环境的美观度和舒适度。此外，通过科学合理的植物配置和管理，可以实现植物群落的可持续发展，确保长期的颗粒物控制和生态环境改善效果。

# 第五章　森林防霾治污技术的研究与开发

## 第一节　森林种植技术与布局优化

### 一、森林种植的技术

#### （一）森林种植的步骤

**1.选地**

在森林种植过程中，选地是一个至关重要的步骤，其影响着后续的林木生长、森林生态系统的健康及造林工作的成功率。选地不仅要满足多方面的要求，还涉及对土地资源的科学管理和规划。在实际操作中，选地的过程可以分为以下几个关键环节。

确保林地的选址不会与其他土地用途发生冲突是选地工作的首要任务。在选地过程中，需要特别关注土地的产权问题。林地的选址必须确保没有产权纠纷，以免因土地所有权问题引发法律纠纷或施工障碍。产权清晰的土地能够有效降低后续管理中的复杂性，为林业种植提供一个稳定的基础。此外，选址时还需遵循当地的法律法规和政策要求，确保所选土地符合相关的环保和土地利用规定。

在选择种植地块时，需要考虑土地的自然条件和环境特征，包括土壤类型、地形地势、气候条件等。种植地块应具备良好的耕作条件，能够满足林木的生长需求。例如，土壤应具有良好的透气性和排水性，以防积水对根系的影响。地形地势应避免过于陡峭的山坡，以降低水土流失和土壤侵蚀的风险。气候条件则需要满足林木的生长温度和湿度要求。在这些基础条件上，还需考虑土地的集约化整治，以提供足够的林木生长空间，确保植被能够获得充足的营养和生长空间。

选择最适合生长的土地还需要结合森林总体规划来考虑。森林总体规划应涵盖区域内的林业资源、生态功能和社会经济需求等多个方面。通过对区域内土地资源的综合评估，选出最符合规划要求的土地进行种植。这不仅有助于提升森林资源的整体效益，还能够促进林业的可持续发展。例如，选择那些已经进行过土地整治的区域，可以进一步提高土地的利用效率，并减少对原生态环境的破坏。

在选地过程中，还需建设相应的灌溉设施，以确保林木在生长过程中获得足够的水分。科学安排林区灌溉渠道的走向和路线是保障森林种植成功的重要环节。合理设计灌溉系统能够提高水资源的利用效率，避免水源浪费和水土流失。灌溉设施的建设需要根据实际的地形地势、土壤条件和水源情况来确定最优方案。例如，在地势较高的区域，可以设计梯级灌溉系统，以利用重力进行水流的分配。在距离水源较远的地方，则可能需要建设泵站和输水管道，以确保水资源能够顺利到达种植区域。

2.选种

选种是一个至关重要的环节，它直接影响着森林的生态功能、经济效益及环境的稳定性。选种不仅要考虑林木的数量和多样性，还要根据不同的生态条件和实际需求选择合适的树种。这一过程涉及树种的多样性、苗木的质量、病虫害的防治及适应性等多个方面。

种植不同类型的林木树苗能够有效提升森林的生态稳定性和生物多样性。合理安排林地的间作和密度，可以充分发挥混交林的优势。混交林的配置不仅可以增加森林的生物多样性，还能改善土壤质量，提升森林的抗逆能力。以中国温带地区为例，常用的混交林苗木包括枞树和松树的混交，冷杉和橡树的混交等。这些树种具有良好的过渡特性，适应温带地区的气候条件，因此种植较为广泛。这种混交林的配置可以在不同季节稳定当地的森林自然环境，提高森林生态系统的服务功能。

苗木的健康状况直接影响其成活率和生长速度。苗木的根系应保持在 30 厘米左右，并且不能损伤苗木的表面。良好的根系是保证苗木在新的环境中快速适应和健康生长的基础。此外，选择的苗木还应无病虫害，确保其能够在种植后健康成长。如果苗木在育苗过程中出现了病虫害问题，将会严重影响其生长发育，甚至导致苗木的死亡。因此，对幼苗进行严格的病虫害检查和防治是保证苗木质量的重要措施。

在选择苗木时，还需根据当地的自然条件特点进行选择。不同的树种对环境条件的适应性有所不同，因此在选择苗木时应考虑土壤、气候、水分等因素。例如，在土壤干燥的地区选择耐旱的树种，如冬青、松树等，将有助于提高造林的成功率。这些耐旱苗木能够在干旱环境中茁壮生长，能有效提高林地的生态效益。同时，在湿润或低洼的地区，选择耐湿的树种将有助于减少水土流失和提高土壤的保水能力。

### 3.施肥

施肥是森林种植过程中的一个重要环节，旨在为林木提供充足的营养，促进其健康生长和良好发育。化肥在林木的生长中扮演着重要角色，通过科学施肥可以显著提高林木的生长速度、增强其抗逆能力，并促进根系的发育。然而，施肥工作需要谨慎进行，避免因滥用化肥对森林生态和环境产生不利影响。

化肥可以为林木的生长提供更为优良的营养条件。化肥的使用能够补充土壤中缺乏的营养元素，帮助林木获得所需的生长元素。不同的肥料成分对林木的生长有不同的作用。例如，氮肥可以促进树木的叶片生长和光合作用；磷肥有助于促进根系发育，提升树木的抗逆能力；钾肥则有助于提高树木的整体健康水平和抗病能力。因此，在施肥时，需要根据林木的实际需要和生长阶段，选择合适的肥料类型和施肥量，确保能够满足林木的营养需求。

在栽培过程中，工作人员需要对土壤的营养状况进行检测和评估。通过了解土壤中的营养元素含量，可以确定施肥的具体方案。在种植阶段，补充氮、磷、钾等多种元素是必要的，特别在土壤营养条件较差的情况下，合理施肥能够显著优化土壤的养分结构，改善林木的生长环境。优化土壤的养分结构不仅能促进林木的生长，还能提高土壤的肥力，增强其持水性和透气性，从而为林木提供更加稳定的生长条件。然而，滥用化肥会带来一系列环境问题。过量施用化肥会导致土壤和水体的富营养化，水体富营养化会导致藻类暴发，破坏水体生态系统，影响水质；土壤富营养化则可能导致土壤盐碱化，影响土壤的结构和健康。这些问题不仅会对森林生态产生负面影响，还可能危及林木的生长和质量。因此，进行科学的施肥管理是十分必要的。

在施肥过程中，需要根据树木的生长季节来调整肥料的施用量。例如，林木在生长旺季需要更多的营养元素，此时应增加肥料的施用量；而在生长缓慢期或休眠期，应减少肥料的施用。这样的施肥策略能够有效避免资源浪费，确保肥料的利用效率，并减轻对环境的负面影响。此外，应定期对土壤和林木的生长状况进行监测，及时调整施肥方案，以适应林木生长的实际需求。

在实施施肥过程中，还应注意肥料的类型选择和施用方法。不同的肥料类型有不同的释放速率和养分组成，选择合适的肥料类型能够更好地满足林木的需求。此外，施肥方法的选择也会影响施肥效果。例如，将肥料均匀撒布在土壤表面，或在植株周围开沟施肥，能够提高肥料的利用效率。科学的施肥方法不仅能提升施肥效果，还能减轻肥料对环境的负面影响。

**4.病虫害防治**

病虫害防治是森林培育过程中至关重要的环节，其对森林的健康、成长速度及生态稳定性有着直接的影响。有效的病虫害防治不仅能够保障森林资源的质量，还能维护生态平衡，预防经济损失。因此，在森林管理和培育过程中，采取科学合理的防治措施是非常必要的。

常用的病虫害防治方法之一是使用石灰、水和盐的混合溶液涂白林木茎部。这种方法的优点在于成本低、操作简便，应用范围广泛。通过将混合溶液涂抹在林木的茎部，可以有效去除茎部表面的病原体，并形成一种物理屏障，防止其他病原体或害虫附着。石灰具有良好的杀菌作用，盐能起到防治害虫的效果，水是将这些成分均匀涂抹的介质。此方法的关键在于确保涂白的均匀性和全面性，以最大限度地发挥其防治效果。此外，这种方法适合大多数林木，特别在病虫害较为常见的区域，可以作为一种常规的预防措施。

除了化学和物理防治方法，生物防治也是一种有效的病虫害防治手段。生物防治方法主要通过引入或繁殖害虫的天敌来控制害虫的数量。天敌可以是捕食性昆虫、寄生性昆虫或微生物等，它们通过捕食、寄生或竞争的方式，有效减少害虫的数量。例如，引入捕食性昆虫如瓢虫、草蛉等，可以显著减少蚜虫和其他小型害虫的数量。这种方法具有环保、安全、持久等优点，并且能够在不对环境造成额外负担的情况下有效控制害虫。生物防治的方法在实际操作中需要对害虫的生态习性和天敌的生物学特性进行详细研究，以确保防治措施的有效性和可操作性。

通过对林木生长过程中的环境条件、气候变化、土壤状况等因素的监测和分析，可以预测可能发生的病虫害类型和程度，从而制定相应的防治策略。这种预测性防治可以在病虫害尚未严重影响森林时采取措施，以降低其对森林资源的影响。例如，在干旱或湿润季节，某些病虫害可能会出现高发趋势，提前进行监测和防治措施可以有效降低病虫害的发生概率。工作人员需要加强对林区的巡查，及时发现病株和虫害。一旦发现病虫害的迹象，应立即采取相应的处理措施，以防止病虫害在林区蔓延。早期发现和处理可以大大减少病虫害对林木的危害，降低防治成本，并保障林木的健康生长。定期检查还包括对林木生长状况的监测，以及时发现潜在的病虫害问题。

在病虫害防治过程中，还需要考虑将不同方法结合使用，以提高防治效果。例如，可以将生物防治与物理防治结合使用，既利用生物天敌控制害虫，又通过物理手段防止病原体的传播。此外，还可以结合适当的化学防治措施，以达到更好的防治效果。在选择和应用防治方法时，需要根据具体的病虫害类型、林木种类及环境条件来调整，以确保防治工作的有效性。

**5.灌溉**

在森林种植和培育过程中，灌溉水管理是一个至关重要的环节。有效的灌溉管理不仅能够为林木提供生存所需的水分，促进其健康生长，还能确保水资源的高效利用，维护生态平衡。为了实现这一目标，灌溉水的管理需要综合考虑水质、土壤条件、气候特点等多种因素，以免出现潜在的环境问题并提高灌溉效果。

保证水质的清洁是灌溉管理中的一个基本要求。清洁的水源能够避免引入有害的病原体和污染物，确保林木的健康生长。在选择灌溉水源时，应对水质进行监测，确保水源不含有害的化学物质和病原体。此外，在灌溉水的储存和输送过程中也需要保持水源的清洁，避免水质在储存和输送过程中受到污染。例如，可以设置过滤装置以去除水中的杂质，并定期清洗水源和灌溉管道，以确保水质的稳定。

根据当地的自然条件来管理灌溉用水是非常重要的。不同地区的气候和降水情况差异很大，因此对灌溉水的需求也会有所不同。灌溉水管理应考虑区域的平均降水量和节气降雨的特征，以便合理安排灌溉量。例如，在降水量丰富的地区，可以适当减少灌溉频次，而在干旱或降水不足的地区，需要增加灌溉量。此外，根据季节变化调整灌溉计划也是有效管理水资源的一种方式。在干旱季节或生长旺季，林木对水分的需求量较大，此时应增加灌溉频次；而在降雨季节或休眠期，则可以减少灌溉频次，以免过度灌溉。

土壤的保水能力直接影响着灌溉水的利用效率。良好的土壤结构可以提升土壤的持水能力，减少水分的流失。因此，在林地的准备和管理过程中，应注重土壤的改良。例如，通过增加有机质、改善土壤结构及进行合理的耕作，可以提高土壤的保水能力。此外，采用覆盖作物或地膜等措施可以减少水分蒸发，提高土壤的保水效果。

排水设施能够有效防止因风暴或暴雨导致的蓄水量迅速增加，避免造成林地的积水和根系腐烂。排水系统包括排水沟、排水管道及地下排水系统等，具体选择应根据林地的地形和水文条件来设计。有效的排水系统能够保持土壤的适当湿度，防止因水分过多导致根系出现问题，提高林木的生长质量。

精准灌溉可以最大限度地减少水资源的浪费，提高灌溉效果。现代科技的应用，如滴灌、喷灌和自动化灌溉系统等，可以实现对灌溉量和时间的精确控制。这些技术不仅可以减少水资源的浪费，还能提高林木的生长质量和生产效益。通过对灌溉系统的定期维护和调整，确保其正常运行和高效利用。

**6.养护要点**

在森林种植的管理过程中，树木的养护是确保林木健康生长和森林生态系统稳定的关键步骤。养护工作的有效性直接影响着树木的生长速度、健康状态和最终的经济效益。特别在树木的生长初期，科学的养护措施至关重要，能够确保树木健康、稳定地成长。以下是关于树木养护的一些要点，包括修剪、支撑、根部处理及周围环境的管理。

修剪不仅可以去除树木多余的枝条，还能促进树木的正常生长。修剪的时机和方法对树木的健康和生长都有直接影响。在树木苗移植的第一年，通常不需要对靠近根部的树枝进行修剪。这是因为此时树木的根系尚在发育阶段，过早的修剪可能会影响树木的营养吸收和生长。随着树木的成长，应根据实际情况进行适时的修剪。二次修剪通常在树木生长到一定阶段后进行，此时可以去除多余的枝条，减少竞争，帮助树木更好地吸收养分和水分。同时，修剪时还应注意树木的整体形态和稳定性。如果发现树木出现倾斜或根部松动的情况，必须立即进行修复。这可能需要重新支撑树木，确保其直立生长，并加强根部的固定，避免风雨等外界因素对树木的影响。

杂草的生长可能会影响树木的生长空间和养分吸收，因此定期清除周围的杂草是必要的。杂草不仅会争夺土壤中的水分和养分，还可能成为病虫害的栖息地。对杂草的管理可以采用喷洒除草剂或人工除草的方式。喷洒除草剂是一种高效的处理方法，但需要注意选择对树木无害的除草剂，并严格按照使用说明进行操作，以免对土壤和树木产生负面影响。人工除草则是一种传统的方式，虽然劳动强度较大，但能够更精确地清除杂草，避免对树木和土壤造成污染。

除了修剪和除草，树木的支撑和根部处理也是养护工作的重要部分。在树木幼苗期，支撑可以帮助树木保持直立，避免因风力或其他外部因素造成的倾斜或倒伏。支撑的材料和方式应根据树木的品种和生长环境进行选择，确保其能够提供足够的支持而不影响树木的正常生长。同时，在使用时支撑材料应避免对树木的根部造成伤害，确保树木能够健康生长。

在树木种植后的早期阶段，根部的健康状态对树木的生长至关重要。应定期检查树木的根部，确保其没有受到病虫害的侵害或因过度湿润而导致的腐烂。如果发现根部出现问题，需及时采取措施进行处理，如调整灌溉量或改进排水系统，以防根部问题的进一步恶化。

## (二)森林种植的方法

### 1.播种造林法

播种造林法是一种简单的森林种植技术。通过直接将种子播撒在土壤中，避免了传统造林过程中育苗和移栽的烦琐步骤，从而节约了大量的资源和成本。根据不同的播种面积和具体的环境条件，可以选择手工播种、机械播种、畜力播种和飞机播种等不同方式。

手工播种是一种最为直接的播种方式，适用于小规模或特殊条件下的造林工作。虽然手工播种可以灵活调整播种密度和种子分布，但其劳动强度较大，效率相对较低。因此，在大面积造林时，手工播种通常会受到时间和人力的限制。机械播种则是通过专门的播种设备进行种子的播撒，这种方法能够显著提高播种的效率和均匀性。机械播种适合于中小规模的造林项目，并且可以根据实际需要调节播种深度和密度。

在大规模的造林工程中，畜力播种和飞机播种成为重要的选择。畜力播种使用牛、马等动物进行播种，这种方式在一定程度上能够提高播种效率，但对土地的要求较高，且操作条件较为苛刻。相比之下，飞机播种则具备了更高的效率和灵活性。通过飞机在空中播撒种子，可以在短时间内完成大面积的播种工作。飞机播种尤其适用于那些难以进入或交通不便的区域，如山区、沙地等地。这种方式虽然成本较高，但其在覆盖区域广泛方面的优势使其在现代造林中得到广泛应用。

尽管播种造林法具有许多优点，但其对造林地的条件有着较高的要求。播种造林法最适合应用于土地肥沃、水分充足、病虫害较少的地区。如果造林地的条件不符合这些要求，可能会显著降低造林的成活率。例如，在土壤贫瘠、水分不足或病虫害严重的地区，播种造林可能遭遇种子发芽困难、幼苗生长缓慢等问题，从而影响整体的造林效果。因此，在实施播种造林前，需要对土地条件进行详细评估，并采取相应的改良措施，以提高造林的成功率。

播种造林法根据土壤处理方式的不同，可以分为撒播、穴播、块播和条播四种方式。撒播是一种操作简便的播种方法，将大量种子直接撒播在地面。这种方法的优点在于操作简单且成本低廉，但也存在一些缺点。例如，撒播的种子可能因鸟兽的觅食、流水的冲刷或地表覆盖物的阻挡而导致成活率降低。然而，只要种子数量足够多，仍有大量种子能够成功发芽和生长。撒播适用于种子量大、对种子成活率要求较低的造林项目。

穴播是通过挖掘穴位进行播种，这种方法能够提供较为稳定的生长环境。穴播可以在小面积的造林地中通过人工方式进行，也可以在大面积的区域内使用机械进行。穴播的优点在于可以为每颗种子提供更好的生长条件，提高了种子的成活率。然而，穴播的劳动强度较大，成本也较高，因此在实际应用中需要根据具体情况进行选择。

块播是一种在较大面积的块状地中进行播种的方式。这种方法主要应用于次生林改造、老采伐迹地更新和沙地造林等场景。块播的优点在于能够有效地覆盖大片土地，适用于大规模的造林项目。然而，块播也要求做好土地的准备工作，如整地和肥料施用，以确保种子能够拥有良好的生长条件。

条播是在整地工作的基础上，将种子按照一定的行距进行播种的方式。条播能够形成均匀的种植带，便于管理和维护。尽管条播的实施相对复杂，但其能够提高造林地的覆盖度和植株的生长状态。条播在实际应用中相对较少，主要用于那些对种植密度和空间有较高要求的造林项目。

### 2.植苗造林法

植苗造林法是一种通过栽植苗木来实现森林恢复和建设的方法。这种方法有着悠久的历史，其技术手段和应用已经相当成熟。植苗造林法在实际应用中具有广泛的适应性和高效性，被广泛用于各种类型的造林工程。根据栽植方式的不同，植苗造林法可以分为穴植、缝植和沟植三种方式，同时根据苗木的处理状态，还可以分为裸根苗栽植和带土苗栽植两种方式。

穴植是最为传统和常见的植苗方法之一，它通过在土地上挖掘栽植穴来进行苗木的栽植。在穴植过程中，可以选择单株栽植或丛植两种形式。单株栽植是指每个栽植穴中只放置一株苗木，这种方式能够使苗木获得充足的生长空间，有利于其根系的扩展。丛植则是指在同一个栽植穴内种植多株苗木，这种方法能够形成一定的树木群体效果，提高了造林区域的美观性。然而，丛植通常只用于同一树种的多株苗木栽植，不同树种的混交树丛形式在实践中较少采用。在进行穴植时，务必将苗木扶正，以免栽植后苗木出现倾斜，这不仅影响苗木的生长，还可能阻碍根系的正常扩展，影响造林效果。

缝植是一种相对简单且高效的栽植方式，它通过在造林地上开出狭窄的缝隙进行苗木的栽植。与穴植相比，缝植具有更高的工效，能够快速完成大量苗木的栽植任务。缝植的一个显著优点是可以有效预防冻害，这使其特别适合寒冷地区的造林工作。缝植的缺点在于苗木根系可能因空间狭窄而发生变形，从而影响栽植成活率和苗木的生长。尽管如此，缝植在寒冷环境中的应用仍然能够有效减轻冻害，提高苗木的存活率。

沟植是一种通过开挖沟槽进行苗木栽植的方式。沟植可以使用畜力或机械设备开沟，这种方式能够迅速开出大量的沟槽，有效翻整土地，从而为苗木的生长提供良好的土壤条件。然而，沟植在栽植覆土时可能会遇到一定的困难，特别是在大面积造林时，覆土过程可能需要更多的时间和精力。尽管如此，沟植方法的优势在于能够显著改良土壤条件，提高土壤的透气性和保水能力，为苗木的生长提供更为优越的环境。

在苗木处理状态上，裸根苗栽植和带土苗栽植是两种常见的方式。裸根苗栽植是指在没有土壤的情况下直接栽植苗木的方式。这种方法在大面积造林中应用较为广泛，主要是因为裸根苗栽植具有成本低、操作简便、环境影响小、适应性强、育苗周期短、重量轻、起苗容易、包装和运输方便等优点。尽管裸根苗的成活率通常低于带土苗，但由于其在大面积造林中具有数量优势，所以仍然能够取得较为良好的效果。裸根苗栽植的实施虽然简单，但其低成活率也意味着在实际操作中需要严格遵循相关规范，以尽可能提高苗木的成活率，确保造林效果。

带土苗栽植是指在栽植苗木时保留土团进行栽植的方法。这种方式能够有效维持苗木的生命力，更好地保护苗木的根系，因此能够提高苗木的成活率。带土苗栽植的优点在于能够减少栽植后苗木的生长停滞现象，帮助苗木更快地适应新环境。然而，相较于裸根苗，带土苗的成本较高，操作也相对复杂，因此在大规模造林时应用较少。

**3.分殖造林法**

分殖造林法是一种通过直接栽植树木的营养器官来进行森林恢复和建设的技术。这种方法由于不需要像传统造林方式那样育苗，因此在成本和工时上具有明显的优势。然而，由于分殖造林法依赖于无性繁殖材料，这些材料的愈合和生根速度相对较慢，因此其应用范围通常较为有限，尤其在大面积造林项目中面临着一定的挑战。尽管如此，分殖造林法在特定条件下和针对特定树种的造林中表现出独特的优势。

分殖造林法常见的方法有多种，如插条造林法、插干造林法、分根造林法、分蘖造林法和地下茎造林法等。这些方法有各自的特点和适用范围，根据树木的种类和生长习性选择合适的技术，可以有效提高造林的成功率和效率。

插条造林法是一种将树木的枝条作为插穗进行栽植的技术。这种方法适用于一些特定的树种，如杉木。插条造林法的操作步骤相对简单，首先需要从母树上选择健康的枝条，然后将这些枝条剪成适当长度的插条。将插条插入准备好的土壤中，通常需要具备适当的湿度和良好的土壤条件，以促进插条的生根和发育。虽然插条造林法能够有效节省育苗的时间和成本，但其对环境条件的要求较高，需要保证土壤的湿润和适当的温度。由于插条的生根速度较慢，所以这种方法一般不适用于大面积的造林。

插干造林法通过直接将树干或苗干作为栽植材料来进行造林。这种方法适用于部分树种，如杨树和柳树。插干造林法能够直接利用树木的主干进行造林，通常可以获得较好的生长效果。然而，这种方法在操作时需要特别注意树干的处理和栽植技术，以保证插干能够顺利生根并生长。插干造林法在大面积造林中应用相对较少，主要原因是其对树干的要求较高，且处理和栽植过程相对复杂。

分根造林法是一种通过将树木的根系分割后进行栽植的方法。这种方法适用于那些根系萌芽能力强的树种，如泡桐树和漆树。分根造林法的操作步骤包括将母树的根系挖掘出来，并将根系切割成适当的部分，然后将这些根部分植入土壤中。分根造林法的优点在于能够充分利用树木的根系资源，提高造林的成功率。虽然这种方法能在一定程度上节约成本，但对根系的处理和管理要求较高，需要在操作时特别小心，以免对根系造成损伤。

分蘖造林法是通过利用树木根系萌发出的根蘖苗进行栽植的方法。此方法适用于杨树和山杨等树种。分蘖造林法的优势在于能够利用自然生成的根蘖苗进行造林，这些苗木通常具有较强的适应性和生长能力。操作时，需要从根蘖苗中选择健康的植株，并将其栽植到适当的地点。分蘖造林法能够有效地节省育苗的时间和成本，但其对环境条件要求较高，需要保证土壤的适宜性和湿度。

竹类的地下茎在土壤中能够发出新的竹笋，从而形成竹林。地下茎造林法的操作步骤包括选择健康的竹类地下茎，将其埋入土壤中。地下茎能够在适宜的环境条件下迅速生长，形成新的竹林。由于竹类植物的生长周期较短，地下茎造林法能够较快地实现造林目标。尽管这种方法成本较低，但对土壤和环境条件的要求仍然较高，需要注意土壤的排水性和养分含量。

## 二、森林种植布局优化

### （一）多样性布局

森林种植布局优化是森林管理中的关键环节，旨在通过科学合理的布局提高森林生态系统的稳定性和生产力。在多样性布局的过程中，其核心理念是通过引入多样的树种和植被类型，优化森林结构，增强生态系统的整体健康和功能。多样性布局不仅有助于提升森林的生物多样性，还能改善森林的生态服务功能，为生态系统提供更好的保障。

通过在同一森林区域内种植不同的树种和植物，不仅可以增加森林中的物种数量，还能促进生态系统内部的复杂互动。这种多样化的植被结构能够吸引不同的动物物种，如鸟类、昆虫和哺乳动物等，它们在森林中形成了多样的食物链和生态网络。这种生物多样性的增加有助于提高森林生态系统的稳定性和适应性，使其提高抵御外部环境的变化和压力的能力。

森林不仅提供木材和其他资源，还在水循环、空气质量调节、土壤保护等方面发挥着重要作用。通过引入多样的树种和植物，可以优化森林的生态功能。例如，不同树种对水分的需求和吸收能力不同，通过合理的布局，可以更好地调节土壤湿度，减少水土流失。不同植物的根系结构也能有效改善土壤的物理性质和化学成分，增强土壤的保水和透气能力。此外，多样化的植物种类可以提高森林对空气污染的净化能力，减少空气中的尘埃和有害气体。

在具体实施多样性布局时，需要考虑各种因素的综合影响。要根据区域的气候、土壤和地形等自然条件选择适宜的树种和植物。例如，在干旱地区，可以选择耐旱的树种和植物，而在湿润地区，则可以选择对湿度要求较高的植被。同时，还需要考虑不同树种和植物的生长特性和生态习性，以确保它们能够在同一生态环境中和谐共存。通过科学规划和布局，可以实现生态系统的最佳配置，提高森林的整体健康水平。

由于多样化的植被结构可能导致森林内部的竞争关系和生态平衡发生变化，因此需要定期对森林进行监测和管理。管理措施包括对不同树种和植物的生长情况进行评估，及时进行修剪和清理，确保森林的生态平衡。此外，还需定期对森林的病虫害进行防治，以防单一植物的病害对整个生态系统产生影响。

通过引入不同的树种，可以为森林提供多样的资源，如木材、药材和水果等。这种多样化的资源不仅能够增加森林的经济价值，还能够提高森林管理的灵活性和可持续性。例如，在多样化的森林中，可以根据市场需求和资源状况进行不同产品的采伐和利用，最大限度地提高经济效益。

## (二)合理的密度配置

在森林种植布局优化中，合理的密度配置是关键因素，对森林的生长、健康和生态功能具有深远的影响。合理的密度配置能够确保树木获得适宜的生长空间、光照和营养，同时减少树木之间的竞争，提高森林的整体生产力和生态稳定性。优化密度配置需要综合考虑多种因素，包括树木的生长特性、目标用途、土壤条件和生态环境等。

合理的树木密度配置有助于提升森林的生长和生产力。在树木密度过高的情况下，树木之间会发生激烈的竞争，如争夺光照、水分和土壤养分等。这种竞争可能导致树木的生长受到抑制，甚至出现生长缓慢、树木瘦弱的现象。因此，在种植过程中，应根据不同树种的生长特性和需求来确定适宜的密度。例如，某些树种具有较快的生长速度和较强的竞争能力，可以在一定范围内承受较高的种植密度，而另一些树种则需要更大的生长空间。通过科学规划和调整密度，可以为树木提供充足的资源，促进其健康成长，提高森林的整体生产力。

合理的密度配置能够有效改善森林的生态环境。森林的生态功能受树木密度的影响较大。例如，在低密度的森林中，树木之间的间距较大，可以为森林地面提供更多的光照，有助于草本植物和灌木的生长，从而提高森林的生物多样性。低密度的森林还有助于提高土壤的透气性和水分渗透能力。在高密度的森林中，树木之间的遮阴效应较强，能够减少地面温度的波动，维持土壤湿度，改善微气候条件。这种情况在某些生态环境下有助于保持森林的生态平衡和稳定性。

在进行密度配置时，还需要考虑目标用途。不同的森林管理目标可能需要不同的密度配置。例如，如果目标是生产优质木材，则应选择适宜的密度，以促进树木的快速生长和木材的质量提升。适当的密度配置可以减少树木间的竞争，使树木能够达到较大的胸径和高度，从而获得高质量的木材。如果目标是保护生态环境或改善土壤条件，则应根据生态功能的需求进行密度调整。密度过高的森林可能会导致土壤质量下降和生态功能减弱，因此需要通过合理配置密度来平衡生态需求和生产需求。

不同的土壤类型和地形条件会影响树木的生长和分布。比如，在贫瘠或排水不良的土壤中，树木的生长受到限制，通常需要降低种植密度，以减少树木间的竞争并提高土壤的质量。相反，在肥沃的土壤中，树木的生长环境较好，可以适当提高种植密度，以充分利用土壤资源。地形条件，如坡度、坡向和地势高低等，也会影响树木的生长，因此在进行密度配置时，需要综合考虑这些因素，确保树木能够适应当地的环境条件。

密度配置还需进行动态调整。随着树木的生长，森林内部的竞争关系和生态环境会发生变化，因此需要根据实际情况进行适时调整密度。例如，在森林生长初期，可能需要较高的种植密度来快速覆盖土壤和提高森林的覆盖度，而在后期可以通过间伐等措施降低密度。定期监测和评估森林的生长状况，及时调整密度配置，有助于保持森林的健康和稳定。

## （三）功能区划

森林种植布局优化中的功能区划是提升森林管理效能的关键手段之一。通过科学合理地划分功能区域，可以根据不同的生态需求和管理目标优化森林资源的配置，从而提高森林的生产力、生态功能和社会效益。功能区划不仅有助于提升森林的整体功能，还能为生态保护、经济发展和社会服务提供支持。

森林生态系统具有多种生态功能，包括空气净化、水源涵养、土壤保护等。在功能区划过程中，可以根据这些功能的需求划分不同的区域。例如，在水源保护区，可以重点保护森林的水源涵养功能，通过保持森林的原始状态和减少人为干扰来维护水质和水量。这样的区域通常需要严格控制开发活动，确保水源得到有效保护。在土壤保护区，可以实施防止水土流失和土壤侵蚀等措施，通过维持或恢复森林覆盖来保持土壤质量和防止侵蚀。在空气净化区，则可以选择适宜的树种和密度，以增强森林对空气污染物的过滤能力。

通过对森林区域的合理划分，可以实现资源的优化配置，满足不同的经济需求。例如，在木材生产区，可以选择适宜的树种进行种植，并采取科学的管理措施，如合理的密度配置和间伐，来提高木材的产量和质量。木材生产区的管理应注重可持续利用，确保在采伐和更新过程中不对生态系统造成长期损害。在经济林区和药用林区，可以种植具有经济价值的树种，如果树、药材植物等，满足市场需求，同时增加森林的经济收益。此外，在旅游和休闲区，可以利用森林的自然景观和生态环境吸引游客，发展生态旅游，提高森林的综合经济效益。

森林不仅是生态和经济资源，还为社会提供了重要的服务功能。例如，在社区周边区域，可以将其划分为居民休闲区，为人们提供户外活动和休闲场所，满足人们的健身和娱乐需求。在教育和科研区，可以设置森林保护区和实验区，为科研人员和学生提供研究和学习的场所。通过这些区域的设置，可以提升森林的社会价值，促进人与自然的和谐共处。

通过明确不同区域的功能和管理目标，可以制定针对性的管理措施，提升管理的科学性和针对性。例如，在不同的功能区内制定不同的森林管理规划，如施肥、灌溉和病虫害防治等措施，以适应各区域的具体需求。功能区划还可以帮助实现森林资源的可持续利用，通过综合考虑生态、经济和社会需求，制订长期的管理策略和行动计划，确保森林的长期健康和稳定发展。

在功能区划的划分过程中，需要进行详细的调查和规划。必须对森林区域的自然条件进行全面的评估，包括气候、土壤、水源、植物和动物等，以确定不同区域的功能需求和特点。应根据评估结果制定具体的功能区划方案，并在方案中明确各区域的功能定位、管理目标和实施措施。此外，还需要在实施过程中进行动态调整，根据实际情况和环境变化进行调整和优化，以确保功能区划方案的有效性和适应性。

## 第二节 森林管理与维护

### 一、幼林抚育

在植树造林工作完成后，幼林的抚育管理是确保森林健康成长、提高成活率和改善造林效果的关键环节。幼林抚育不仅需要充分的专业知识，还要求实施科学的管理措施，以促进幼树的快速成长和健康发展。

安排专人负责幼林抚育管理是保证工作质量的基础。这些管理人员应经过专业培训，熟悉树木的生长习性、适宜环境、养护技术及各种抚育措施。通过系统的培训，管理人员需要了解不同树种的需求，掌握幼林管理的最佳实践，从而在实际操作中避免常见错误，提高抚育效果。专业人员的知识和技能水平对幼林的健康生长具有直接影响。

在幼林生长过程中，调整造林地环境是提高树木生长质量的重要措施。松土是改善土壤通透性和促进根系发展的常见方法。松土可以减少土壤板结，增加空气和水分的渗透，促进根系的生长。此外，除草是另一个关键步骤，草类植物的生长会与幼树争夺水分和养分，影响树木的生长。因此，定期清除杂草可以减少这种竞争，确保幼树获得足够的资源。施肥和浇水也是常见的管理措施，通过施用适当的肥料，可以补充土壤中的营养元素，促进树木的生长；而合理的浇水可以满足幼树对水分的需求，避免干旱对树木造成的压力。

随着幼树的生长，管理人员需要进行间苗定株，这是为了保证每棵树木都有足够的空间生长，防止树木之间的过度竞争。间苗定株可以帮助树木获得适当的生长空间，促进树木的健康成长。此外，修剪枝叶是保持树木形态和促进树木生长的有效方法。通过修剪，可以去除过密的枝叶，调整树木的生长方向，增强树木的通风透光性。控制树木的高度也是抚育管理中的一个重要环节，适当的高度可以促使树木形成良好的树形，增强森林的整体美观度和稳定性。

在幼林抚育过程中，还需要注意除去不健康的树木。对病虫害树木的及时处理是防止病虫害扩散和保障幼林健康的重要措施。不健康的树木不仅影响整体森林的健康，还可能成为病虫害的传播源。因此，及时发现和处理这些树木，可以减少其对整个森林的负面影响，确保林木健康成长。幼林抚育的最终目标是确保每一棵幼树能够健康成长并成材。因此，管理人员需要根据树木的生长情况，调整和优化抚育措施。定期检查幼林的生长状况，及时发现问题并进行处理，是确保造林成果的关键。

通过科学合理的幼林抚育管理，可以显著提高幼树的生长速度和成活率，改善造林效果。有效的抚育措施不仅能促进树木的健康成长，还能提高森林的生态功能和经济效益，为未来的森林资源管理奠定坚实的基础。在幼林抚育过程中，管理人员的专业知识和实际操作能力至关重要，只有通过精细化的管理和科学的技术，才能实现幼林的最佳成长和健康发展。

## 二、封山育林

封山育林是一种旨在恢复和提升森林生态系统功能的管理措施，它通过限制或禁止山林区域的开发和利用，减轻人为活动对森林的影响，从而保障植树造林的效果。此方法不仅有助于保护现有的森林资源，还有助于促进新造林区的生态恢复和增长。封山育林的实施涉及多个方面，包括政策制定、管理制度建设、公众宣传和法律执行等环节。

地方政府和农业部门在封山育林的过程中扮演着关键角色。他们需要制定和实施相应的政策和管理制度，以确保封山育林措施的有效执行。这些政策通常包括禁止砍伐、限制土地开发、控制农业扩展等内容。政策的制定应基于科学研究和实际情况，充分考虑当地的生态环境和经济发展需求。同时，为了确保政策的落实，政府还需要建立和完善相关的管理制度，如监测和评估机制、奖惩措施等。

为了提高公众的意识和参与度，政府和相关部门需要做好宣传工作。通过多种渠道宣传封山育林的重要性和相关政策，可以提高公众对森林保护的认识，鼓励公众积极参与森林保护和管理活动。例如，政府可以通过媒体报道、社区活动、环保教育等方式，普及森林保护知识，增强公众的环保意识。还可以开展森林保护志愿者活动，组织社区居民、学生等参与实际的森林保护行动，从而形成全社会共同参与的良好氛围。

地方政府需要加强对森林资源的监管，依法打击随意砍伐、非法占用林地进行农业生产等破坏森林的行为。通过建立和完善法律法规体系，明确违法行为的处罚标准，可以有效震慑潜在的破坏者。同时，还需加大执法力度，配备足够的执法人员和监测设备，确保及时发现和处理违法行为。法律的威慑和执法的严格，有助于维护森林资源的完整性和生态系统的稳定性。

为了进一步改善植树造林效果，封山育林还需要在树木管理和保护方面下功夫。这包括对现有森林采取定期施肥、病虫害防治、适时修剪等措施。施肥可以改善土壤的营养状况，促进树木的健康生长；病虫害防治有助于减少对树木的威胁，提高树木的生长质量；适时修剪可以调整树木的形态，提升森林的整体结构。通过这些管理措施，可以为植树造林创造良好的生长环境，提高新造林区的生态恢复效果。

封山育林的成功实施不仅依赖于相关部门的努力，还需要各级管理人员和公众的共同参与。管理人员应具备专业的知识和技能，能够根据实际情况制定和实施科学的管理方案。公众应积极支持和参与森林保护行动，增强环保意识，形成良好的社会氛围。通过相关部门、管理人员和公众的共同努力，可以有效推动封山育林工作的顺利进行，进一步提升森林资源的保护水平，实现森林生态系统的可持续发展。

## 三、退耕还林

退耕还林是一项重要的生态恢复工程，其核心目标是通过减少耕地面积和增加林地面积来提升森林覆盖率，从而实现生态环境的改善和资源的可持续利用。这一过程不仅涉及对农业和林业用地的调整，还需要综合考虑经济、环境和社会等多方面的因素。退耕还林的实施需要科学规划和精细管理，以确保政策的有效性和森林资源的长远发展。

退耕还林需要在保证农业生产持续发展的前提下，有计划地实施耕地减少策略。退耕还林政策的制定需要依据科学数据和实际情况，明确哪些地区适合退耕还林，哪些地区仍然需要继续保持耕地。这通常包括对土地质量、生态环境、经济效益等因素的综合评估。通过这些评估，可以制订合理的退耕还林计划，确保在耕地面积减少的同时，能够在其他方面满足农业生产的需求。例如，可以通过提高耕地的生产效率、推广高效农业技术等措施，弥补因退耕而减少的粮食产量，从而维持农业的正常发展。

在退耕还林的土地上，选择适合当地气候和土壤条件的林木种类进行种植，可以有效增加森林覆盖面积，改善生态环境。在选择林木种类时，应考虑树种的适应性、生态效益和经济价值。不同的树种具有不同的生态功能，例如，一些树种能够有效防止水土流失，另一些则能提高土壤肥力。通过科学选择和合理配置林木资源，可以最大化地发挥退耕还林的环境效益和经济效益。

为了确保退耕还林的成功实施，还需要进行详细的规划和管理。在规划阶段，应考虑林地的布局、树种的配置、植树的密度等因素，以确保林木的健康生长和森林的可持续发展。同时，需要建立相应的管理和监测机制，定期检查退耕还林区域的林木生长情况，及时发现和解决问题。比如，定期进行病虫害防治、施肥和浇水等管理措施，可以提高林木的成活率和生长质量。退耕还林还需要积极推广和普及相关的知识和技术，以提高相关人员的管理水平和种植技能。培训和教育工作是确保退耕还林政策有效实施的基础，通过对农民和管理人员的培训，可以提高他们对林木种植和管理的认识和能力，从而促进退耕还林工作的顺利进行。培训内容包括植树技术、森林管理、生态保护等方面，以确保各项措施的科学性和实效性。

## 四、火灾防护

森林火灾是一种对森林生态系统及植树造林成果造成严重破坏的灾害，因此，其防护工作至关重要。为了有效预防和应对森林火灾，需要采取综合措施，包括加强巡护、强化法律宣传、设立防火带、配备先进装备及构建监控系统等。

加强森林巡护工作是火灾防护的基础。应安排专业的巡护人员，定期对森林区域进行巡查，及时发现和处理火灾隐患。巡护人员应具备一定的专业知识和技能，能够识别潜在的火灾风险点，如干燥的枯枝、易燃植物等，并采取必要的措施进行处理。巡护工作不仅要覆盖森林所有区域，还需重点关注高风险区域，如风干区、植被稠密区等。通过高频率的巡查，可以有效降低火灾发生的概率，并在火灾初期及时控制，防止火势蔓延。

强化法律宣传和教育是提高公众防火意识的重要途径。通过广泛的宣传和教育活动，倡导文明用火和科学防火，增强公众对森林火灾危害的认识。政府和相关部门可以利用各种渠道，如广播、电视、互联网、社区活动等，开展防火知识普及活动。此外，还可以定期组织消防演练和培训，提高公众的应急处理能力和火灾自救能力。法律宣传和教育的目的是形成全社会共同参与森林火灾防护的良好氛围，从而有效避免人为火灾的发生。

严格打击在森林中随意放火的行为也是防护措施中的关键。必须加强对森林区域的法律监管，设立专门的执法机构，严格执行相关法律法规。对于违规放火、焚烧垃圾等行为，必须依法严厉处罚，以震慑潜在的违法者。通过加大对违法行为的打击力度，可以有效降低人为火灾的发生率。同时，还需建立举报机制，鼓励公众举报可疑行为，形成全社会共同防范的格局。

设置森林防火带是一项有效的物理防火措施。防火带通常是指在森林边缘或内部设置的带状区域，用于阻隔火势的传播。这些防火带可以通过清除地面的可燃物、种植耐火植物、设置隔离带等方式来构建。防火带的设计和实施应结合森林的实际情况，如地形、植被类型、气候条件等，以确保其有效性。在炎热气候和干旱季节，防火带的作用尤为重要，它能够有效降低火灾的传播速度，为灭火工作争取时间。

配备先进的防火装备和技术是提高火灾防护水平的关键。应根据森林的实际需求，配备现代化的防火设备，如消防车、灭火器、便携式火焰探测器等。同时，应引入先进的防火技术，如火灾预警系统、自动灭火系统等，以提高火灾响应速度和处理效率。定期对防火设备进行维护和更新，确保其处于良好状态，能够在紧急情况下发挥作用。

积极构建全自动森林火灾监控系统，可以有效提升对火灾的早期预警能力。通过利用卫星遥感、无人机监测、红外线探测等技术手段，能够实时监测森林区域的火灾情况，及时发现火源。监控系统的建立应结合气象预报部门的工作，综合考虑天气变化对火灾的影响。通过实时监测和数据分析，可以快速判断火灾的性质、规模和发展趋势，从而制定科学的应急预案，实施有效的灭火措施。

## 第三节　森林健康监测与评价

### 一、森林健康监测

#### （一）监测工作

**1.探测性监测**

探测性监测（detection monitoring）是一种关键的森林健康监测方法，其核心目标是通过各种数据来源对森林健康状况进行初步评估和监测。这种方法主要依赖年度监测，以探测森林健康的基本变化，特别是在较大的区域尺度上，如几个省份，覆盖的时间跨度通常为几年。探测性监测的主要作用是识别森林健康的潜在问题，为进一步的详细调查和管理措施提供基础数据。

探测性监测的实施通常涉及多个数据来源和技术手段，以确保监测结果的全面性和准确性。航空监测是一种常用的手段，通过搭载在飞机上的高分辨率摄像设备或传感器，能够获取大范围的森林实时影像。这些影像能够详细记录森林区域的植被覆盖情况、树木生长状态及潜在的病虫害迹象。通过对这些影像的分析，可以发现森林健康的异常变化，如枯死的树木、变色的树冠、干旱或过度湿润的区域等。这种监测方式能够提供广泛的覆盖范围和高效的数据收集方式，但其分辨率和准确性通常受限于航空设备的性能和气象条件。

除了航空监测，探测性监测还可以利用卫星遥感技术。卫星遥感技术能够覆盖更大的区域，提供多光谱的影像数据，有助于监测森林健康的长期变化。例如，通过分析卫星影像中的植被指数（如 NDVI），可以评估森林的绿度变化、植物生长状态和生态系统的健康水平。卫星遥感技术的优势在于其覆盖范围大和周期性的观测能力，能够捕捉季节性变化和长期趋势，但其分辨率和精确度可能受空间分辨率和云层覆盖的限制。

在地面数据采集方面，探测性监测也可以依靠地面调查和采样。虽然地面数据采集通常覆盖的范围较小，但它能够提供更为详细和准确的信息。地面调查包括对森林区域进行实地考察，记录树木的健康状态、土壤条件和水分情况等。通过这些数据，可以识别具体的健康问题，如病虫害、营养不足或环境压力等。结合地面调查结果，可以更好地理解航空和卫星数据所揭示的健康变化，为后续的详细监测提供依据。

通过对各种数据来源进行整合和分析，可以获得关于森林健康的综合评估。这包括对数据进行统计分析、趋势预测和模式识别，以确定健康变化的主要驱动因素。例如，通过比较不同时间段的数据，可以识别出健康水平下降的区域，并分析其原因，如气候变化、土地利用变化或森林管理措施的不当等。数据分析的结果可以为制定森林管理和保护措施提供科学依据，帮助决策者采取针对性的行动。

由于其主要关注区域尺度上的森林健康变化，可能无法深入识别健康问题的具体原因。为了弥补这一不足，探测性监测通常需要与其他监测方法相结合，如详细地调查监测或长期趋势监测。此外，探测性监测的数据质量和准确性也受到多种因素的影响，包括数据采集设备的性能、环境条件和数据处理技术。因此，在实施探测性监测时，需要确保数据的高质量，并采用适当的分析方法，以提高监测结果的可靠性。

### 2.评价性监测

评价性监测（evaluation monitoring）是森林健康监测中的一个关键层次，特别适用于面对严重的森林健康问题时。其主要目的是评估问题的严重程度、范围和根本原因。这种监测方法通常在森林出现明显的健康问题时进行，通过对特定样地的深入调查获取详细的数据和信息，以便制定针对性的应对措施。

在评价性监测过程中，首先需要确定出现健康问题的森林区域或样地。这些区域往往已经显示明显的健康异常，如树木大量枯死、冠层叶片脱落、土壤质量下降等。为了准确评估问题的影响，监测团队会选择具有代表性的样地进行详细的调查。这些样地的选择需要考虑森林的地理位置、生态条件、受害情况等因素，确保监测结果能够真实反映森林健康问题的整体情况。

监测人员会收集有关树木、灌木、地衣和土壤等多个方面的数据。具体来说，树木的数据采集可能包括树木的生长状况、死亡率、病虫害情况、叶片脱落情况等；灌木的调查关注其生长状态、枯死率和与树木的相互关系；地衣的调查评估其覆盖情况及健康状况；土壤数据则涉及土壤的营养成分、酸碱度、湿度等。这些数据能够提供关于森林健康状态的详细信息，帮助研究人员全面了解问题的表现和影响范围。

多数情况下，森林健康问题的出现可能与前期发生的事件有关。例如，舞毒蛾爆发可能导致大量树木的树冠落叶，进而影响森林的整体健康。然而，在一些情况下，具体的受害原因可能并不明确，因此需要进行更深层次的监测和研究。评价性监测不仅关注当前的健康状况，还需要追溯可能的病因和触发因素。为了揭示这些深层次的原因，监测团队可能会开展额外的调查，如分析过去的气候数据、评估土壤变化、调查历史上的森林健康事件等。

除了收集现场数据，还需要对数据进行综合分析。这通常涉及将各类数据整合起来，识别可能的关联性和因果关系。数据分析可能包括统计分析、模式识别、趋势分析等，以帮助研究人员确定问题的严重程度、空间分布和潜在原因。通过这些分析，研究人员可以识别森林健康问题的关键因素，制定针对性的管理和修复措施。

评价性监测的结果通常会被编制成详细的报告。这些报告包含问题的评估结果、可能的原因分析、影响范围、管理建议等内容。这些信息对于制定森林管理策略、制定政策和采取行动至关重要。将监测结果提供给决策者和相关部门，可以推动有效应对措施的采取和资源分配，以缓解森林健康问题的影响，促进森林的恢复和可持续管理。

由于涉及的调查细节较多，数据采集和分析过程可能需要较高的技术水平和资源支持。此外，数据的准确性和完整性也会受到现场条件、样本代表性等因素的影响。因此，在进行评价性监测时，需要采用科学的方法和高标准的技术，以确保监测结果的可靠性。

**3.定点强化监测**

定点强化监测（intensive site monitoring）是一种深入的森林健康监测方法，其核心目的是通过对特定地点的详细研究，理解或证实森林健康受损的因果关系。这种监测方式不仅关注特定森林区域的健康状况，还深入探讨其背后的生态系统过程和潜在问题。定点强化监测需要在多个空间尺度上进行正式的、系统化的研究，并综合分析所有相关数据，最终将研究结果通过区域、省、国家等层级进行公开报告。

这些地点往往是森林健康受到威胁或存在潜在问题的区域，如出现异常的树木死亡、病虫害蔓延、土壤退化等情况。选定地点后，监测团队会在这些地点开展详细的调查和数据采集工作。调查内容包括土壤质量、树木生长状态、植物多样性、气候条件等多个方面。收集和分析这些数据将帮助研究人员深入了解森林健康问题的具体原因和影响因素。

为了全面了解森林健康状况，研究通常涵盖从局部到区域乃至全国的多个空间尺度。例如，在某个具体地点进行详细的地面调查和数据采集，以获取高分辨率的现场数据。同时，将这些数据与周边区域和更大范围的数据进行比较分析，以识别可能的趋势和模式。通过这种多尺度的分析，可以更好地理解特定地点的森林健康问题如何与更大范围的生态系统过程相关联，从而揭示其潜在的因果关系。

收集的各种数据需要经过系统化处理和分析，以揭示森林健康问题的根本原因。这可能涉及对不同数据集的整合，如土壤化学分析、树木生长测量、气象数据和遥感影像等。数据分析的结果将帮助研究人员识别森林健康问题的关键驱动因素，如土壤贫瘠、气候变化、病虫害压力等。这些结果不仅能够揭示森林健康受损的具体机制，还能为后续的管理和保护措施提供科学依据。

一旦定点强化监测完成，研究结果将被整合并编制成详细的报告。这些报告通常包括区域、省、国家等不同层级的森林健康分析结果，以便为决策者和公众提供全面的信息。报告中通常会包括被监测地点的健康状况、问题分析、解决方案和政策建议等内容。通过公开发布这些报告，相关部门和机构能够对森林健康状况进行有效评估和干预，从而推动森林资源的可持续管理。此外，监测结果的准确性和可靠性也受到现场环境条件、数据质量等因素的影响。因此，在实施定点强化监测时，需要确保研究方法的科学性，采用高标准的技术和设备，以提高监测结果的精确性。

## (二)森林健康监测指标

### 1.欧洲森林健康监测指标

森林健康监测指标在欧洲得到逐步完善，以应对不同等级的监测需求和挑战。除了样地的基本信息，目前的监测内容涵盖九个主要方面，旨在全面评估森林的健康状况和对环境的影响。这些指标从树冠健康到大气污染物沉降，提供了一个多维度的评估框架，为科学管理和保护森林资源提供了详尽的数据支持。

监测树冠健康的主要内容包括树叶的损失率和变色情况。树叶的损失和变色可能是森林健康受到影响的早期迹象，通常与环境污染、病虫害或气候变化有关。通过定期测量和记录树冠的健康状况，可以及早发现潜在的问题，并采取相应的管理措施来保护森林生态系统的稳定性。

土壤是森林生态系统的重要组成部分，它提供了树木生长所需的营养元素。监测内容包括各层土壤中营养元素的含量、阳离子交换量及其组成，以及土壤溶液中的各种阴阳离子含量。此外，还需要进行水分通量平衡计算，以了解土壤的水分状况。这些指标能够反映土壤的健康状况及其对森林植物的支持能力，从而为森林管理提供科学依据。

树叶中的营养成分，如氮、磷、钾等，直接影响树木的生长和健康。通过分析树叶的化学成分，可以评估森林的营养供应情况，并判断是否需要施肥或调整土壤管理措施。

森林生长和收获方面的监测包括树高、胸径、蓄积量等指标。这些数据能够反映森林的生长情况和木材资源的变化趋势。建议记录胸径的连续变化过程，以便更准确地分析森林生长的长期趋势。这些指标不仅有助于评估森林的生产力，还能为森林资源的合理利用和可持续管理提供数据支持。

大气污染物沉降是另一个关键的监测方面。监测内容包括干沉降、湿沉降和树冠拦截沉降等。通过测定以气体、颗粒和液体形式进入林地的各种污染物和营养元素，可以了解大气污染对森林生态系统的影响。准确的沉降数据有助于评估大气污染对森林健康的影响，并制定相应的减排措施。

样地（水平Ⅱ）的气象监测也是重要的一环。这包括常规气象指标，如温度、降水量、风速等，以及土壤温度和湿度等。这些数据有助于了解气象条件对森林健康的影响，并为森林管理提供气候数据支持。

地表植被的监测包括植物种类及丰富度和覆盖度的分层测定。这些指标能够反映森林植被的多样性和覆盖情况，从而获取关于森林生态系统的稳定性和健康状况的信息。

物候监测涉及对植物生命周期和生态过程的观察，如树木开花、绿叶变化等。这些数据有助于了解森林生态系统的季节性变化和响应模式，进而评估气候变化对森林的影响。

空气质量监测也是森林健康评估的重要内容。主要监测指标包括臭氧（$O_3$）、二氧化硫（$SO_2$）、二氧化氮（$NO_2$）和氨气（$NH_3$）等。这些污染物不仅直接伤害植物，还能影响森林生态系统的健康。通过监测这些污染物的浓度和变化，可以评估空气质量对森林的影响，并为制定空气污染控制政策提供数据支持。

**2.美国森林健康监测指标**

美国森林健康监测指标最初主要基于东部地区的监测指标，这些指标在高海拔和干旱的西部地区可能并不完全适用。目前，美国的森林健康监测内容主要分为八个方面，每个方面都针对不同的森林健康因素进行评估和分析。

林冠健康监测是评估森林健康的关键内容。此项监测关注树冠的枝叶数量、状态及其分布情况，包括林冠占树高的比例、林冠的密度、林冠的透光度、树枝的死亡情况及树冠的冠幅。这些指标有助于了解树木的生长状况和健康水平，识别可能影响林冠健康的因素。

臭氧伤害监测通过观察指示植物的健康状况，评估臭氧对森林的影响。臭氧对植物的伤害可能导致树木生长受阻或叶片损伤，因此，通过监测受害植物可以判断臭氧分布区域，并评估其对其他树木的潜在伤害。

树木受害监测是另一个重要的方面。此监测内容涉及病虫害、风害、人为伤害等对树木的影响，包括这些问题的类型、发生位置和严重程度。这些数据有助于识别和应对各种对森林健康造成威胁的因素。

树木死亡率的监测则关注自上次监测以来的死亡树木数量、大小及材积，以及可能的死亡原因。了解树木的死亡率和原因有助于评估森林的健康状况和管理效果。

地衣群落监测旨在通过观察森林中一定高度以上的地衣种类和数量，评估空气质量和气候变化对森林健康的影响。地衣对空气污染和气候变化非常敏感，因此，它们的存在和分布情况可以作为评估环境质量的重要指标。

倒木监测涉及对林地上的倒木、死树枝和木质残余物的数量及其特征进行量测，包括树种、形状、尺寸、孔洞和分解情况。这些数据有助于评估森林的物质循环和生态系统健康。

植物多样性和结构监测关注样地内所有维管束植物的种类、多度及其垂直层次分布。还包括对枯落物、苔藓、裸地、岩石等的面积分布调查。这些指标为研究人员提供了有关森林植被结构和生物多样性的重要信息。

土壤健康监测涉及森林土壤的侵蚀、压实情况及土壤的理化特征。监测土壤健康有助于评估土壤的质量和森林生态系统的可持续性。

美国的森林健康监测内容与欧洲的存在差异。除增加倒木监测和土壤压实情况监测，重视不同类型的土壤覆盖（如土壤侵蚀）和森林更新监测之外，美国的监测内容在数量上相对较少，未涉及土壤溶液和树叶化学监测、气象监测、沉降监测、空气质量监测及物候监测等方面。尽管如此，美国的监测内容仍然涵盖了关键的森林健康因素，为森林管理和保护提供了宝贵的数据支持。

## 二、森林健康评价

### （一）林木健康评价

林木健康评价是森林健康监测的核心组成部分，对于确保森林生态系统的稳定性和可持续性具有至关重要的作用。在这一领域，欧洲的监测体系已经发展得相当成熟，林冠监测者通常会经过专门的培训，并且每年进行一次监测前的“校正”工作。这种校正工作旨在确保将单树监测误差控制在5%以下，并且每个统计单位都要求至少包括300棵样树。这些措施确保了数据的高精度，从而使研究人员对森林健康状态的评估更为准确。

为了更好地进行林木健康评价，欧洲还开发了详细的监测标准和工具。例如，针对不同树木受害等级的评估，制定彩色图片作为标准，并通过这些图片展示不同受害等级的树木状态，帮助监测者准确判断树木的健康状况。树叶损失率是评估森林受害等级的一个重要标准，通常被划分为五个受害等级。通过对树叶变色程度的参考和调整，能够更精细地划分树木的健康状况。

在具体的评价过程中，还会对树叶中大量和微量元素的绝对含量进行分析。这些元素的含量被分为五个等级，并在森林营养综合评价中考虑元素含量的比例关系。通过这种方式可以评估营养元素的比例失调情况，以及污染对元素含量的异常影响。例如，在对森林营养进行评估时，会综合考虑树叶中的氮、磷、钾等主要营养元素的比例，以识别可能的营养缺乏或过量现象。这些评估能够帮助研究人员了解森林土壤和树木的营养状况，针对性地采取改善措施。

为了更加全面地评价林木健康，监测还包括对树木受害的多种因素进行综合分析。例如，树木可能受到的病虫害、气候变化、土壤质量等因素都会被纳入考量。这种多维度的评价方式使对林木健康的监测不局限于单一指标，而是考虑各种可能影响因素的综合作用。在评价过程中，还需要参考历史数据和区域性数据，以便对比和分析当前监测数据。这些比较有助于识别健康趋势和潜在问题，为森林管理提供科学依据。此外，现代林木健康评价还可能利用遥感技术、气象数据等方法，增强对森林健康状态的监测能力。

## （二）土壤健康评价

土壤健康评价是森林健康管理中至关重要的一环，因为土壤是支撑林木生长、发育及发挥各种生态功能的基础。土壤健康直接关系着森林生态系统的稳定性和生产力。然而，由于土壤理化性质的变化较慢且不易直接观察，因此土壤健康监测的间隔一般设定为 10～15 年。这种长期监测的方式可以帮助研究人员全面了解土壤的健康状况及其对森林健康的影响。

在土壤健康评价中，通常会结合林冠监测来综合分析土壤状况和林木健康之间的关系。通过这种综合监测，能够分析关于土壤现状、林冠健康变化的原因及预测、土壤改良措施及其效果、污染物沉降的影响、水质风险及变化的评价，以及林地和林木的营养状态等方面的重要信息。这种综合方法不仅能够揭示土壤健康状况，还能帮助制定针对性管理策略，以维护和改善森林生态系统的整体健康。

土壤健康的评价指标非常多样化，包括多个关键方面。土壤 pH 值是一个重要的指标，可以用来划分土壤酸化的等级。土壤酸化会影响植物的营养吸收和根系的生长，因此，了解土壤的 pH 值有助于评估土壤酸化对森林生态系统的潜在影响。

通过分析土壤中的钙（Ca）和铝（Al）比值，可以评价酸化对土壤的影响程度及对植物根系的伤害程度。钙和铝在土壤中的比例变化能够反映土壤酸化对森林生态系统的具体影响，特别是对树木根系健康的影响。

根系层的元素含量也被用来划分土壤的营养潜力等级。根系层的营养状况直接影响着树木的生长和健康，因此，通过分析根系层的营养元素含量，可以评估土壤的营养供应能力，并据此制定相应的施肥方式和土壤改良措施。

此外，还需监测土壤层和枯落物层中的重金属含量背景值。重金属污染是土壤健康的重要威胁，它可能来自工业活动、农业施肥及其他污染源。了解重金属的背景值有助于评估土壤的污染状况，并采取适当的措施来减少污染对森林生态系统的影响。

通过对这些指标的综合评估，研究人员能够全面了解土壤的健康状况，并识别出可能的健康问题。土壤健康的评价不仅涉及土壤的化学特性，还包括其物理性质和生物特征，如土壤的结构、透气性、保水能力及微生物活性等。这些综合评价能够帮助识别土壤的实际状况，预测未来的变化趋势，并为森林管理和土壤改良提供科学依据。

## (三) 水分胁迫评价

水分胁迫评价在森林健康管理中占据了重要的位置，特别在干旱和半干旱地区。水分亏缺是制约树木生长和影响森林健康的一个关键因素，不仅直接影响树木的生长过程，还与许多生态系统的功能和稳定性密切相关。水分胁迫可以显著影响树木的 DNA 转录和表达过程，导致植物的生长和发育受到抑制，从而影响森林的整体健康。

树木在水分不足时，会进行一系列生理和生化反应以适应恶劣的环境。这些反应包括气孔运动的调节，可以减少水分蒸发，以及提高水分的利用效率。然而，长期的水分不足会使树木的适应能力达到极限，影响其正常的生长和发育。水分胁迫还会影响树木的根系发育，使其降低对水分的吸收能力，从而进一步加大其在干旱条件下的生长压力。

水分亏缺与空气污染、气候变化及土壤结构等因素有着复杂的关系。空气污染引发的树叶受害和根系损伤，森林结构特征的变化，以及气候变化对降水模式的影响，都与水分胁迫紧密相关。这些因素交织在一起，严重威胁着森林生态系统的健康和稳定性。

随着 SPAC 系统（soil-plant-atmosphere continuum）概念和理论的研究进展，人们采用了一些新的方法来评估土壤水分的利用率。SPAC 系统理论强调土壤、植物和大气之间的水分流动和相互作用，提供了一个系统化的视角来理解水分胁迫的动态过程。基于这一理论，水分胁迫评价方法包括测量水势指标，了解植物的吸水能力及土壤供水能力之间的关系。这些指标可以帮助评估土壤水分的利用率，预测植物在不同水分条件下的反应。具体而言，水势是评估水分胁迫的重要指标。水势反映了植物体内的水分状况，能够指示植物是否处于水分胁迫状态。较低的水势通常意味着植物经历了较强的水分亏缺。通过监测植物的水势变化，可以及时发现水分不足的问题并采取相应措施。

植物吸水能力与土壤供水能力的关系也是评价水分胁迫的重要依据。植物吸水能力指的是植物从土壤中吸收水分的能力，而土壤供水能力则表示土壤能够提供给植物的水分量。通过分析这两者之间的关系，可以评估植物在特定环境条件下的水分获取能力，从而了解水分供需的动态变化。

基于水分供需的动态变化评价植物水分胁迫的方法也得到了广泛应用。这种评价方法通过跟踪和分析植物和土壤的水分动态，帮助预测植物在未来水分条件下的健康状态。通过结合实际的水分数据和模型预测，可以更准确地评估水分胁迫对森林健康的影响。

## （四）空气污染胁迫评价

空气污染对森林健康的威胁日益严重，特别是随着工业化进程的推进和环境污染的加剧，森林生态系统面临着多种污染物的胁迫。研究表明，到 2100 年，全球近 12%的森林可能会遭受严重的臭氧污染。臭氧作为一种主要的空气污染物，对植物的光合作用、呼吸作用及生长过程都有显著的负面影响，导致树木的生长减缓和产量降低。尽管硫沉降（S 沉降）的水平有所下降，但预计到 2050 年，依然会有超过 13%的森林面临硫沉降造成的危害。氮氧化物（$NO_x$）的污染则持续增加，带来更多的环境和生态问题。

为了应对这些挑战，许多国家已经开展了关于不同污染物临界浓度和临界负荷的研究，致力于将污染治理措施与森林健康的保护紧密结合起来。美国早在 20 世纪 80 年代就提出了不同森林受害等级对应的臭氧和二氧化氮浓度及总氮沉降输入的标准，以帮助评估和控制森林生态系统的受害程度。这些标准的制定和应用有助于了解森林健康的实际状况，并为制定相应的管理和治理策略提供科学依据。

在欧洲，针对臭氧的危害，已经通过试验提出了植物受害的 AOT40（accumulated ozone exposure over a threshold of 40 ppb）临界值。AOT40 是指在一定时间内，臭氧浓度超过 40 ppb 的总暴露量。这个指标能够帮助评估不同植物在遭受臭氧污染时的受害程度，为制定污染防治和森林保护措施提供参考。

氮沉降的临界负荷在不同地区和森林生态系统中存在差异。例如，Nordin 等建议，在考虑瑞典北部森林生态系统的主要组分变化后，氮沉降的临界负荷应从目前广泛接受的 $10 \sim 15\ kg \cdot hm^{-2} \cdot a^{-1}$降至 $6\ kg \cdot hm^{-2} \cdot a^{-1}$。这一调整反映了不同区域对氮沉降的敏感性差异，以及在特定环境条件下对氮沉降量的要求。

然而，空气污染胁迫的评价不仅涉及单一的污染物，还需要考虑不同污染胁迫及污染与自然环境胁迫之间的交互作用。例如，臭氧通过损害植物的气孔，减少气孔的开度，从而引发干旱胁迫，这种情况使空气污染对森林的影响更加复杂和严重。气孔损伤减少了植物的蒸腾作用，进而影响其水分调节能力，加剧了干旱条件对森林的负面影响。这些复杂的交互作用增大了空气污染胁迫评价的难度，要求研究人员和管理者必须综合考虑各种因素。需要通过建立综合监测系统，定期评估空气质量、污染物浓度及其对森林健康的具体影响。同时，还需结合气候变化、土壤健康等因素，全面了解森林生态系统的状态，以制定有效的管理和保护策略，减轻空气污染对森林健康的负面影响。

### （五）森林健康的综合评价

保持森林的健康不仅涉及维持森林的环境健康、结构健康和功能健康，还包括森林健康经营的综合措施。森林健康的综合评价需要从多个层面进行，这不仅包括对森林环境、结构和功能的评估，还包括对森林健康经营措施的实施情况进行评估。这一综合评价过程是复杂且具有高度主观性的，因为森林健康的监测指标往往是多种相互联系甚至存在矛盾的指标的综合结果。

森林环境健康是指森林生态系统在各类环境压力下的稳定性和适应能力，包括土壤、空气和水质等方面的健康状态。森林结构健康涉及森林的物种多样性、森林群落的结构、树木生长和森林覆盖度等因素。森林功能健康包括森林在生态系统服务方面的表现，如碳储存、水源涵养、土壤保护和生物多样性的维护等。森林健康经营是指通过科学合理的管理措施来协调和优化这些森林环境、结构和功能，以实现森林的可持续发展。

森林健康经营的目标不仅是保持森林的现状，更是优化森林的生态功能和环境质量。森林健康经营包括对森林资源的合理利用和保护，以确保森林生态系统长期的健康和稳定性。这些措施可能包括森林的科学规划、适当的采伐和再植措施、控制病虫害和水土流失等。通过有效的森林健康经营，可以在一定程度上解决森林环境、结构和功能中的问题，实现森林资源的可持续利用和生态系统服务的最大化。

尽管森林健康的综合评价对于确保森林的长期健康和稳定至关重要，但在实际操作中，这一过程非常复杂并具有很大的主观性。森林健康的监测指标常常是多个因素的综合结果，这些因素之间可能存在相互作用和矛盾。例如，某些指标可能指示森林健康的改善，而其他指标则可能表明森林健康的恶化。这种复杂性使森林健康的综合评价面临挑战，需要通过技术的进步和科学的方法不断优化和改进。

在一些林业发达的国家，尽管已经开展了森林健康监测研究，但如何有效地综合评价森林健康仍然是一个未完全解决的问题。欧美地区的森林健康评价主要集中在林木健康和森林环境健康方面。例如，在欧洲，落叶率被认为是一个能够在短时间内以低成本估计森林健康的有用指标。然而，仅依赖落叶率还不足以全面了解森林健康，因此在 2004 年，欧洲增加了对凋落物的监测，以更好地确定林冠落叶和环境胁迫之间的关系。此外，臭氧对林木健康影响的评价才刚刚开始，目前还难以看到臭氧浓度与肉眼可见的林木伤害之间的显著关系。

## 第四节　森林防霾治污技术创新与应用的意义

### 一、森林防霾治污技术的创新

#### (一) 生态工程技术

生态工程技术在森林防霾治污领域的创新主要体现在以下几个方面。

生态工程技术通过设计和实施综合性生态系统修复方案来提升森林的空气净化能力。例如，通过恢复或创建湿地、植被带和绿化带，能够有效吸收和过滤空气中的悬浮颗粒物和有害气体。这些生态系统不仅能增强森林的空气净化功能，还能提升其生态服务能力，如水质净化、生物栖息地的提供等，从而间接减轻空气污染对森林生态系统的负面影响。

在选择植物种类时，考虑不同植物对空气污染物的吸附能力和耐受性，设计能够最大限度地净化空气的植物配置方案。例如，研究发现某些植物，如柳树和杉树，对颗粒物的吸附能力较强，而某些草本植物则对二氧化硫和氮氧化物有较好的吸附效果。因此，通过合理种植这些植物，可以形成有效的“绿化屏障”，提高森林对空气污染物的吸附和去除能力。

土壤在森林防霾治污中发挥着重要作用，不仅能够支持植物的生长，还能通过吸附和转化污染物来改善空气质量。生态工程技术通过改良土壤结构、增加土壤有机质含量、改善土壤通气性等措施，提升土壤的污染物去除能力。例如，使用生物炭或有机肥料改良土壤，能够提高土壤对污染物的吸附和固定能力，从而降低空气中污染物的浓度。

在生态工程技术的应用中，生态恢复和重建也是关键环节。例如，通过恢复退化的森林和湿地、植被覆盖度较低的区域，能够改善当地的空气质量。生态恢复不仅可以恢复森林生态系统的功能，还可以通过增加植被覆盖和改良土壤条件来提高区域的空气净化能力。此外，在重建森林生态系统时，采用符合当地气候和土壤条件的植物种类，可以提高森林对污染物的适应性和处理能力。

创新的生态工程技术还包括利用智能技术和数据分析来优化森林防霾治污的效果。通过安装传感器、使用遥感技术和大数据分析，能够实时监测森林环境中的污染物浓度、植物生长状况和土壤条件，从而提供科学依据让研究人员进行精准管理和调整。例如，利用无人机监测森林区域的植被健康状况和空气质量，结合气象数据进行综合分析，能够为森林管理提供实时反馈和改进建议。

### (二)纳米技术

纳米技术成为在森林防霾治污领域一种创新的解决方案，通过将纳米材料引入森林管理和环境保护实践，显著提升了空气净化和污染物去除的效率。纳米技术的核心在于其操作尺度和材料特性，使其在处理和去除空气中的微小颗粒物和有害物质方面展现出独特的优势。

纳米材料具有极高的比表面积和反应活性，这使它们在捕捉和去除空气中污染物方面表现优异。纳米颗粒，如二氧化钛、碳纳米管、纳米银和纳米氧化锌等，具有强大的吸附和催化能力，能够有效地分解和去除空气中的有害气体和颗粒物。例如，二氧化钛作为一种光催化材料，可以在光照条件下催化分解空气中的挥发性有机化合物（VOCs）和氮氧化物，将其转化为无害的物质，从而降低空气污染。

纳米技术还能够通过增强植被的空气净化能力来进一步增强森林防霾效果。通过将纳米材料作为土壤改良剂或者直接施加在植物表面，能够提高植物对污染物的吸附和去除能力。例如，纳米钛材料可以作为叶面喷雾剂，用于提高植物的光合作用效率和抗氧化能力，从而增强植物的自我修复能力和对空气污染的抵抗力。同时，纳米材料的应用还可以改良土壤的性质，提高土壤的污染物去除能力，进一步促进森林的健康成长和空气净化。

在纳米技术的应用中，监测和控制纳米材料在环境中的作用是一个重要的方面。科学家们已经开发出各种纳米传感器，用于实时监测空气中的污染物浓度及纳米材料的分布和效应。这些传感器可以集成到森林监测系统中，提供精确的污染数据和纳米材料的动态反应，从而优化森林管理策略，确保纳米技术的有效性和安全性。

纳米技术还在开发新型的环境友好材料方面展现出巨大的潜力。比如，纳米材料能够与生物降解材料结合，开发出能够在自然环境中降解的空气净化材料。这种材料不但能够有效去除空气中的污染物，而且在使用后可以自然降解，减轻环境负担，从而实现更加可持续的森林管理和空气净化。

### (三) 多功能林业

多功能林业是近年来森林管理领域中的一项重要创新，旨在通过综合利用森林资源和生态系统服务，实现生态保护、环境改善和经济效益的多重目标。其核心理念是将森林的生态功能与社会经济需求相结合，创造一个能够同时满足生态、经济和社会需求的森林管理模式。这一模式不仅关注森林的传统经济价值，还强调森林在改善空气质量、防治污染、增强生物多样性等方面的多重功能。

多功能林业通过优化森林结构和功能，有效地提高了森林对空气污染的净化能力。通过科学地规划森林植被类型和布局，可以增强森林的空气净化功能。例如，种植具有较强空气净化能力的植物，如常绿树种和某些特定的树种，可以增加森林对二氧化硫、氮氧化物和颗粒物（PM2.5 和 PM10）的吸附能力。此外，森林的多层次结构和丰富的植物种类能够提高森林对不同污染物的综合处理能力。通过设计森林景观带和防护林带，能进一步提升森林的生态防护功能，为城市和工业区提供有效的空气过滤屏障。

在防治水污染方面，森林植被的根系系统可以有效地减少水土流失，过滤和去除水中的污染物。植被覆盖能够减少地表径流，降低水体污染物的输入。同时，森林在降水过程中的蒸腾作用和水分调节功能有助于维持水循环的稳定，防止干旱和洪水的发生。通过设置湿地植物带、缓冲带和水源保护区等措施，可以进一步改善水质，增强森林的水源涵养功能。

通过建立多样化的森林生态系统，可以为各种动植物提供栖息地，维护生态系统的稳定性和多样性。例如，通过设计多层次的森林结构，种植不同的植物群落和开展生物多样性保护措施，可以增强森林生态系统的服务功能，促进物种的共存和繁衍。此外，森林中的生物多样性能够增强生态系统对外界干扰的抵御能力，提高森林生态系统的恢复力和适应性。

在满足社会经济需求的同时，通过科学管理和合理利用森林资源，可以实现森林的长期可持续发展。例如，在森林采伐和木材生产中，采用可持续的森林经营模式，如选择性采伐和间伐管理，可以减少对森林生态系统的负面影响。通过合理规划森林旅游、休闲和文化活动，能够在保护森林生态环境的同时，增加经济收益和社会福利。

在发展多功能林业的过程中，还需要结合先进的科技手段进行监测和管理。利用遥感技术、地理信息系统（GIS）和大数据分析，可以实时监测森林的健康状态、污染物的浓度和生态变化。通过建立森林健康监测系统和数据平台，可以及时发现和解决森林管理中的问题，优化管理措施，提高森林防霾治污的效果。

## 二、森林防霾治污创新技术应用的意义

### （一）促进生态系统健康

森林防霾治污创新技术的应用具有广泛的生态意义，其核心在于促进生态系统的健康与稳定。生态系统健康是衡量一个生态系统功能正常、结构完整、物种多样性丰富的重要指标。森林作为地球上最重要的生态系统之一，承担着空气净

化、水源涵养、土壤保护、生物多样性维持等多重生态功能。因此，通过应用创新技术来防治空气污染和水体污染，对于提高森林生态系统的健康水平至关重要。

现代技术，如纳米材料的应用，可以显著提高森林对空气污染物的吸附和降解能力。纳米技术通过制造具有更高比表面积和更强化学反应性的纳米颗粒，能够有效捕捉和降解空气中的污染物，如二氧化硫、氮氧化物、臭氧及颗粒物。这些污染物在大气中的高浓度对森林生态系统和人类健康构成威胁，通过采用先进的纳米技术，可以显著降低这些有害物质的浓度，从而保护森林中的植物和动物免受污染物的伤害。

生态工程技术等可以通过恢复和维护健康的植被覆盖，减少土壤侵蚀，改善土壤结构，从而提高森林对水分和养分的保留能力。此外，湿地建设可以提供有效的水质过滤功能，去除水中的污染物和沉积物，从而保护水源地，维持森林生态系统的水循环和水质稳定。土壤修复技术能够修复受到污染或退化的土壤，提高土壤的肥力和健康水平，为森林植物的生长提供良好的环境。

通过科学地规划和管理，森林可以同时发挥多种功能，如空气净化、水源保护、生物多样性维持等。这种综合管理方式不仅提高了森林的生态服务能力，还增强了生态系统的稳定性和适应性。例如，通过种植多样化的植物群落，可以提高森林的抗逆性和恢复力，使其能够更好地应对气候变化和环境压力。

气候变化对森林生态系统的影响日益显著，包括温度升高、降水模式的变化、极端天气事件的增多等。通过应用先进的防霾治污技术，可以减轻气候变化对森林生态系统的负面影响。例如，减少大气中的温室气体浓度可以减缓全球变暖的速度，从而保护森林生态系统免受高温和干旱的威胁。同时，提升森林的碳汇能力也有助于降低大气中的二氧化碳浓度，缓解全球变暖问题。

### (二)改善空气质量

森林防霾治污创新技术在改善空气质量方面具有显著的意义。随着工业化进程的加速和城市化的不断推进，空气污染问题越加严重，对环境和人类健康构成了严重威胁。传统的空气治理措施虽然取得了一定成效，但仍难以满足日益提高的空气质量要求。因此，森林防霾治污创新技术的应用成为改善空气质量的重要途径之一。通过应用这些技术，可以有效减少空气中的污染物，保障生态环境和人类的健康。

植被通过光合作用吸收二氧化碳，并释放氧气，在调节大气成分方面发挥关键作用。此外，森林能够通过其丰富的叶面积和树冠结构，捕捉空气中的尘埃、颗粒物和气体污染物。纳米技术能够制造出具有高比表面积的纳米颗粒，这些颗粒具有极强的化学反应性，能够有效捕捉和分解大气中的污染物，通过纳米材料的应用，森林的空气净化能力得到了显著增强，从而有效降低了空气中的有害物质浓度。

## （三）应对气候变化

随着全球气候变化的加剧，气温升高、降水模式变化及极端天气事件的频发，森林生态系统面临着越来越多的挑战。因此，采用创新技术来提升森林的防霾治污能力，既是应对气候变化的有效途径，也是保护森林生态系统的重要措施。

森林能够通过碳汇功能吸收大气中的二氧化碳，减缓全球变暖的速度。植被在光合作用过程中，将二氧化碳转化为有机物，并储存在植物体内。这一过程有助于降低大气中的温室气体浓度，从而减轻全球变暖的影响。然而，随着气候变化的加剧，森林的碳汇能力也面临着挑战。例如，极端天气事件和干旱可能导致森林火灾和病虫害的增加，这些因素都会影响森林的碳储存能力。因此，应用创新技术来提升森林的碳汇功能，确保其有效吸收和储存二氧化碳，对应对气候变化具有重要意义。

森林防霾治污技术的应用可以提高森林对气候变化的适应能力。例如，多功能林业通过优化森林结构和管理，增强森林对气候变化的适应能力；能够更好地适应不同的气候条件，并增强对极端天气事件的抵御能力。此外，生态工程技术，如湿地建设和土壤修复，也可以提高森林的水分管理能力和土壤质量，提高其应对干旱和暴雨等极端气候事件的能力。这些技术的应用有助于强化森林的生态系统服务功能，增强其对气候变化的适应性。

纳米材料可以显著提升森林对大气污染物的吸附和降解能力。随着气候变化导致的污染物排放增加，纳米技术能够通过提高森林的空气净化能力，减轻气候变化对空气质量的负面影响。纳米颗粒具有高比表面积和强吸附能力，能够有效捕捉和降解空气中的有害物质，如二氧化硫、氮氧化物和细颗粒物。这一技术的应用不仅能改善空气质量，还能减轻气候变化带来的环境压力。

通过对森林环境、结构和功能的综合评价，可以及时发现和应对气候变化带来的负面影响。森林健康的评价指标包括树木健康、土壤质量、水分状况和空气质量等，这些指标能够反映森林在不同气候条件下的表现和变化。通过定期监测和评估，可以采取相应的管理措施，确保森林能够维持良好的健康状态，并有效应对气候变化的挑战。

森林防霾治污创新技术还可以帮助应对气候变化对水资源的影响。气候变化导致的降水模式变化和极端天气事件可能对森林水资源带来压力，进而影响森林的生态功能。通过建设排水设施和优化水资源管理，可以降低气候变化对森林水分状况的影响，提高森林的水分利用效率。这些措施有助于森林在干旱和洪涝等极端气候条件下保持稳定的生态环境，保障森林的健康和功能。

在全球范围内，森林防霾治污技术的应用有助于促进国际合作应对气候变化。例如，国际之间的森林保护与恢复项目能够通过共享技术和经验，提升全球森林的防霾治污能力。这些项目不仅能改善森林的碳汇功能，还能提高全球应对气候变化的能力。通过跨国合作，各国能够共同应对气候变化带来的挑战，保护全球森林生态系统的健康和稳定。

# 第六章　城市森林与绿化带的防霾治污应用

## 第一节　城市森林的规划建设

### 一、现有城市绿化规划建设存在的问题

#### （一）传统绿地设计的局限性

传统城市绿地设计的局限性在城市绿化规划建设中显得尤为突出，主要表现为碎片化和断续性、单一功能性及不适应城市多样性等问题，这些问题严重影响了城市生态系统的健康与功能。

传统绿地设计往往存在碎片化和断续性的问题。这种设计模式将绿地分布在城市的零星公园、绿化带、街道两旁等地，形成了一个个独立的绿地块。这种碎片化的布局不仅使绿地之间缺乏有效的连结，还难以形成一个连续的生态走廊。这种布局的最大问题在于，不连贯的生态通道会阻碍动植物的迁徙和栖息地的持续性。例如，某些动物需要在不同的栖息地之间迁移以寻找食物或繁殖场所，但如果绿地分布过于零散，它们可能面临生存威胁。同时，植物种群的传播也受到限制，导致生物多样性下降。生态走廊的断裂使动物和植物难以在城市环境中维持稳定的种群，这种现象在城市扩展和绿地规划中尤为明显。因此，城市绿地设计应当关注如何建立连续的生态网络，以支持动植物的迁移和生态系统的稳定。

传统绿地设计通常侧重绿地的观赏功能，而忽视了绿地在生态系统服务方面的多功能性。在传统设计中，绿地更多作为一个景观元素被考虑，其主要功能是提供视觉上的美感和休闲场所。然而，现代城市面临的环境问题不仅包括美观问题，还包括空气和水质污染、城市热岛效应等。绿地实际上在改善空气质量、净

化水源、防洪和调节城市气候等方面发挥着重要作用。如果绿地设计仅关注观赏功能，就无法充分发挥绿地在环境保护和城市可持续发展中的作用。例如，未充分考虑排水功能的绿地设计可能导致城市内涝问题加重，而没有适当植被的绿地可能无法有效吸收和净化雨水。这种单一功能性的设计限制了绿地的潜在作用，使城市无法充分利用绿地资源来应对各种环境挑战。

在城市发展过程中，不同区域的需求和特点可能存在显著差异。然而，传统的绿地设计往往没有充分考虑这些差异，导致一些区域绿地建设过度，而另一些区域则缺乏足够的绿化。例如，城市中心区可能由于土地资源紧张而绿地较少，城市边缘区则可能有大量未开发的土地。传统的绿地设计未能有效解决这一问题，使一些地区的绿地资源不足，从而影响居民的生活质量。同时，一些区域的生态系统可能面临威胁，如绿地不足导致的空气质量恶化、水体污染等问题。因此，城市绿地设计需要综合考虑城市的多样性需求，合理配置绿地资源，确保每个区域的居民都能生活在良好的绿地环境中。

## (二)城市化对生态环境的压力

城市化进程给生态环境带来巨大的压力，导致了一系列生态问题，严重影响了自然生态系统的健康和稳定。城市化的快速发展和扩张常常使原本连续的自然栖息地被城市基础设施和建筑所打断，从而导致生态系统的破碎化。这种现象对自然环境造成了深远的影响，特别是对植物和动物的栖息地造成了不可逆转的损害。

在城市化进程中，大量的自然栖息地被转换为城市用地，包括住宅区、商业区和工业区等。这种转变不仅直接减少了自然栖息地的面积，还导致了这些栖息地的断裂。许多原本生活在这些栖息地中的植物和动物失去了它们赖以生存的环境，导致其生存和繁衍受到威胁。随着栖息地的丧失和破碎，生物多样性急剧下降。一些物种因为失去了栖息地而面临灭绝，食物链也因此被破坏。生物多样性的减少不仅使生态系统的稳定性降低，还会影响生态系统的功能，比如植物的授粉、土壤的肥力和水质的净化等。这种生态平衡的破坏使整个生态系统的健康和功能受到威胁。

城市化进程还伴随着大量的硬化土地表面的出现，如铺设的道路、人行道和建筑物。这些硬化表面阻止了雨水的自然渗透，导致地表径流增加。由于雨水无法有效渗透到地下，增加了洪涝的风险。在城市区域，尤其在降雨量较大的情况下，这种现象尤为严重。洪涝不仅会对城市基础设施造成破坏，还可能对居民生活带来困扰，甚至危及人们的安全。

城市生活和工业活动所排放的污染物，包括空气污染物和水污染物，对周边的水资源质量产生了负面影响。工业排放和交通排放的污染物常常通过降水进入自然水体，导致水质的恶化。水体污染不仅影响水生生物的健康，还可能导致水体生态系统的失衡。例如，富营养化现象常常由于农业和城市排放中的氮磷等营养元素过量而发生，导致水中藻类过度生长，进一步影响水质和水生生物的生存。

城市化对生态环境造成的压力尤为明显，影响着自然生态系统的各个方面。为了减轻这些压力，必须采取一系列有效措施，包括在城市规划中充分考虑生态保护，制定合理的土地使用政策，增加城市绿地面积，保护和恢复自然栖息地，以及加强对污染源的管理和控制。只有综合施策，才能在城市化进程中有效保护生态环境，保持生态系统的健康和稳定，实现人与自然的和谐共处。

## 二、城市绿化规划建设创新策略分析

### （一）城市森林的优势及设计策略

城市森林作为城市规划和绿地设计中的一种创新概念，其设计和建设目标是在城市内部有计划地种植和维护大片绿地，模拟自然森林的环境。城市森林不是树木的简单种植，而是一个全面考虑植物多样性和生态系统功能的绿地系统。其优势主要体现在改善空气质量、调节气温和湿度、促进生物多样性等方面，同时结合传感器技术的应用，进一步提升功能和效益。

大面积的城市森林通过植物的叶片、树冠和土壤层的综合作用，能够有效地吸附和减少空气中的污染物。这些污染物包括颗粒物、硫化物、氮氧化物和一氧化碳等有害气体。树木的叶片和树冠还能捕捉空气中的尘埃和颗粒物，减少空气中的悬浮颗粒。与此同时，城市森林中的植物还通过生物化学过程去除空气中的有害气体，进一步提升空气质量。通过这些机制，城市森林有助于降低城市空气中的有害物质浓度，改善城市居民的生活环境。

城市森林通过树木的阴影和植被的蒸腾作用，能够显著影响城市的微气候。树木的阴影能够有效降低地表温度，从而减缓城市热岛效应。通过增加城市森林的覆盖面积，可以降低城市内部的气温，为居民提供清凉的环境。植被的蒸腾作用则通过植物体内的水分蒸发，冷却周围空气，进一步调节城市的湿度。这些措施不仅有助于改善城市的热环境，降低夏季高温对居民的影响，还能提高城市的抗热性和适应性，为居民创造更加舒适的户外空间。

城市森林的设计不仅关注绿地的观赏性，更注重生态系统的复杂性和多样性。通过合理的植物种类选择和布局，城市森林能够提供适宜多种植物和动物的栖息环境。城市森林中的丰富植被为各种鸟类、昆虫、小型哺乳动物等提供了栖息地和食物来源，吸引和维持了多样的生物种群。城市森林中的生物多样性有助于维护生态平衡，通过复杂的生物相互作用形成稳定的生态系统。这种生态系统的稳定性不仅有助于城市生态环境的健康，还能提升城市居民的生活质量。

在城市森林设计中，传感器技术的应用进一步提升了其功能和效益。环境监测传感器的应用使城市森林的管理更加科学和高效。例如，空气质量传感器能够实时监测城市森林中的空气污染水平，及时识别和应对潜在的空气质量问题，提高城市居民的生活质量。土壤湿度和温度传感器能够实时监测土壤状况，调整灌溉系统，确保植被获得足够的水分并为其提供适宜的生长环境。同时，温度、湿度、风速和阳光辐射等气象传感器能够获取城市森林中微观尺度的气象数据，为植被生长提供更准确的环境信息。

在生物多样性监测方面，应用生物传感器可以监测城市森林中的动植物活动，了解生物的迁徙、繁殖和行为习惯，为生物多样性保护提供科学依据。声音传感器能够监测鸟类、昆虫的鸣叫等生物声音，以评估城市森林中的生态平衡和鸟类种类，进一步了解生态系统的健康状况。

在水资源管理方面，水质传感器可以监测城市森林中的水体质量，检测污染源，预防水体污染，并确保水资源的可持续利用。水位传感器能够监测河流、湖泊等水体的水位变化，为洪水预警和水资源管理提供数据支持。通过这些技术手段，城市森林能够更加有效地保护和管理水资源，提升城市生态系统的整体健康和功能。

## (二)绿地设计建设的新思路

在城市绿化规划和建设中，新的设计思路和策略不断涌现，以应对日益复杂的城市环境和多样化的需求。这些创新策略不仅关注绿地的功能性和美观性，还融入了生态保护、社区参与及智能技术的应用，以实现更高效、可持续的城市绿化解决方案。

多功能性设计已成为现代城市绿地规划的一个核心理念。这一设计思想突破了传统绿地单一功能的局限，将绿地转变为具有多重用途和服务的空间。在这种设计模式下，绿地不仅是供人们观赏和休憩的场所，更是被赋予了广泛的功能，包括生态保护、雨水管理、空气净化等。通过多功能性设计，绿地可以同时满足不同年龄层、兴趣和活动需求的社区居民，提高其适用性和利用率。例如，城市绿地可以设置运动场地、儿童游乐设施、生态教育区域等多种功能区，以适应不同的使用需求。此外，绿地的多功能性设计使其能够灵活应对不同时间、季节和社区活动的需求，提升了绿地的综合效益。这种灵活性不仅优化了绿地空间的使用，还增加了社交互动和社区活动的多样性，使城市绿地不仅成为自然环境的一部分，也成为社区生活的重要组成部分。

社区参与和共享空间的概念在城市绿地设计中扮演了重要角色。这种设计理念强调将社区居民纳入绿地的设计和管理过程，不是由规划者和设计者单方面决定绿地的设计，而是通过居民的参与共同打造更具社区认同感的绿地。社区参与包括居民参与绿地的设计、种植和养护等活动，这种参与式设计不仅增强了居民对绿地的认同感和责任心，也提升了社区的凝聚力。社区成员为绿地的设计提供反馈，能够确保绿地的功能和布局更符合实际需求，创造出更适宜的社区空间。此外，共享空间的概念还强调绿地是社区居民共同使用的场所，通过参与绿地的设计和管理，居民可以形成共同的价值观和社区意识，使绿地成为促进社区团结和发展的重要平台。

随着科技的进步，智能技术如传感器和人工智能，已经成为绿地管理的重要工具。通过传感器技术，管理者可以实时监测绿地的植被状况、水质、空气质量等指标，获取准确的数据支持。这些数据可以帮助管理者及时了解绿地的状态，并采取精准的管理和维护措施，以确保绿地的健康和状态良好。智能技术还可以通过应用程序向用户提供有关绿地的详细信息和实时活动提示，提升用户在绿地中的体验。例如，通过智能传感器监测土壤湿度，可以精准控制灌溉系统，提高对水资源的使用效率。此外，运用智能技术，通过实时数据分析，可以提高资源利用效率，实现绿地管理的可持续性。

应用先进的景观设计技术是另一个重要的创新策略。在植物选择与配置方面，设计师应优先选择耐旱、耐盐、耐阴等适应性强的植物种类，并合理配置这些植物，以形成一个高效的生态系统。这种设计不仅提高了植物的相互关系和生态利用效率，还引入了本土植物，既增加了生态多样性，又利于融入当地生态系统。在水体处理方面，设计引入自然湿地、雨水花园等设施，以提高城市绿地的水资源管理和生态效益。例如，通过设计雨水花园，将雨水导入植物区域，减缓雨水流速，促进土壤吸收和植物利用。人工湿地的构建利用湿地植物的根系和微生物净化雨水和污水，提升水体质量。同时，通过透水铺装和植草设计增强地表渗水性，防止水体表面径流和积水。在土壤修复方面，生态工程手段可以有效修复受损的土壤，提高土地的肥力和抗灾能力。通过引入有机肥料和生物复合材料，改善土壤结构和养分含量，推行植被覆盖和根系工程，减缓水流速度，防止水土流失，并提高土壤的保水能力。植物生长的根系和微生物的协同作用能够修复受污染的土壤，提高土地的自净能力。

## （三）资源紧张城市建设城市森林的有效策略

在资源紧张的城市环境中，建设和维护城市森林面临诸多挑战。然而，通过有效的策略和创新的设计方法，可以克服这些挑战，最大化地利用有限资源提升城市绿化水平。

城市的规划者和设计者需要充分挖掘现有空地和闲置土地的潜力。这些空地包括常常被忽视的城市边缘未开发区域、工业废弃地、屋顶空间等。通过重新规划和利用这些空间，可以在不干扰城市现有发展的前提下，为城市森林的建设提供新的绿化空间。例如，将废弃的工业用地改造成城市森林，不仅可以美化城市环境，还能降低城市废弃物的负面影响。屋顶绿化则是另一种有效的策略，通过在建筑物的屋顶上设计绿化景观，能够有效利用垂直空间，增加城市绿化面积。这种做法不仅能改善建筑物的外观，还能增加城市绿化覆盖率，有助于缓解城市热岛效应。合理规划和利用这些空地，可以大大增加城市绿化的面积，为城市居民提供更多的绿地资源。

立体绿化技术通过在有限的地面空间上建立多层次的绿化系统，能够有效提升城市绿化覆盖率。例如，立体林荫道和垂直绿化墙可以在建筑立面和城市道路等垂直空间上种植植物，这样不仅增加了城市绿化面积，还能改善城市的空气质量。立体绿化使对城市空间的利用更加高效，能够充分发挥城市的立体空间优势。这种方法特别适用于建筑物密集的城市区域，在这些区域中，传统的水平绿化空间通常非常有限。通过立体绿化，能够有效地将绿化带入建筑物的立面和城市道路等区域，从而提升城市整体的绿化效果。

在城市森林的设计中，应优先选择耐旱、耐污染和适应性强的植物品种，这些植物能够更好地适应城市环境中的各种挑战。例如，榆树、槐树等树种在城市绿化中被广泛使用，因为它们能够承受城市环境中的污染和气候变化。同时，在选择植物时，应该考虑当地的气候、土壤条件等自然因素，建立多样化的生态系统，包括湿地、草地和林地等。这种多样化的生态系统可以提高城市森林的生态稳定性和抗干扰能力，确保城市森林在不同环境条件下都能健康生长。

借鉴自然生态系统的原理构建城市森林的生态网络也是一种有效的策略。通过合理布局和连结城市绿化节点，能够打造城市森林的生态走廊和生态廊道。这种设计有助于促进城市内部的生物迁移和物种交流，增强城市生态系统的整体连通性和稳定性。生态走廊可以连结城市绿地与自然环境，支持生物多样性并促进物种的扩散和栖息。这不仅有助于增强城市森林的生态功能，还能改善城市环境的整体健康水平。

充分利用先进的科技手段和智能技术可以显著提升城市森林的管理和运营效率。例如，环境监测传感器可以实时监测城市森林的空气质量、水质状况等环境参数。这些数据可以帮助管理者及时了解城市森林的生态状况，进行科学管理和决策。人工智能技术可以用于数据分析和预测，为城市森林的管理提供科学依据，帮助规划者制定更有效的管理策略。

通过这些创新策略的应用，城市绿化规划和建设能够在资源紧张的条件下实现效益最大化。有效利用空地和闲置土地、引入立体绿化技术、选择适宜的植物品种和生态系统、构建生态网络，并应用先进的科技手段，都能够在有限的资源条件下提升城市森林的质量和功能，为城市居民创造更美好、更健康的生活环境。

# 第二节　绿化带在颗粒物控制中的作用

## 一、绿化林带对道路交通空气污染的净化作用

绿化带在城市环境中，尤其是在道路交通空气污染控制方面，发挥了显著的作用。绿化林带不仅可以美化城市环境，在改善空气质量、减少空气污染方面也起到了关键作用。在城市道路旁设置绿化林带，对于控制道路交通产生的空气颗粒物具有显著的净化效果，尤其在控制 PM2.5、PM10 和总悬浮颗粒物（TSP）方面表现突出。

30 米以上宽度的道路绿化林带能够有效净化空气中的颗粒物。研究表明，在这样宽度的绿化林带中，PM2.5、PM10 和 TSP 三类主要空气颗粒物的浓度能够达到国家二类区域的环境空气质量要求标准。国家二类区域的环境空气质量标准对 PM2.5、PM10 及 TSP 的浓度设定了严格的标准，这些标准旨在保障公众健康，并降低空气污染对生态系统的负面影响。30 米以上宽度的道路绿化林带通过植被的过滤和吸附作用，能够显著降低这些有害颗粒物的浓度，从而有效降低空气污染水平。

绿化带的净化作用主要体现在以下几个方面。绿化带中的植物能够通过其叶片和树冠捕捉空气中的颗粒物。树木和植物的叶片表面有助于截留空气中的悬浮颗粒，降低其在空气中的浓度。这些颗粒物在树木的叶面上沉积，并随着雨水的冲刷逐渐被清除，从而降低空气中颗粒物的浓度。植物的蒸腾作用能够促进空气的对流和交换。树木通过蒸腾作用释放水分，这一过程不仅有助于调节周围的气候，还能促进空气中的污染物与空气中的其他成分混合，有助于进一步降低污染物的浓度。

对于宽度在 10~20 米的道路绿化林带，尽管其净化作用相比更宽的绿化带

有所降低，但仍然能够有效控制空气中的PM10和TSP颗粒物浓度，使其达到国家二类区域的环境空气质量标准。这种绿化林带虽然宽度较小，但通过合理的植物配置和布局，也能在一定程度上净化空气。在10~20米宽度的绿化林带中，选择合适的植物种类，配置高效的绿化带结构，可以最大化地发挥其对空气污染物的控制能力。

这些绿化林带在道路交通区域的应用不仅对改善空气质量具有直接影响，还对城市环境和居民生活质量的提升起到了积极作用。绿化带能够有效降低与空气污染相关的健康风险，如呼吸系统疾病和心血管疾病。此外，绿化带还可以缓解城市热岛效应，提高城市绿化覆盖率，提升城市的整体宜居性。

在城市规划和设计中，合理布局和优化绿化带的宽度及植物配置对于提升绿化带的空气净化效果至关重要。针对不同宽度的绿化带，可以选择适合的植物种类，根据当地的气候和环境条件科学规划。这不仅有助于实现更好的空气质量标准，还能为城市居民提供更加健康、舒适的生活环境。

## 二、道路绿化林带对PM1、PM2.5、PM10和TSP四种空气颗粒物的净化率

道路绿化林带在控制空气颗粒物方面的应用取得了显著的成效，尤其在对PM1、PM2.5、PM10及TSP的净化方面表现出色。研究表明，绿化林带的宽度与其对这些颗粒物的净化效率之间存在直接关系，即净化率随道路绿化林带带宽的增加而显著提高。此外，在相同带宽的绿化林带中，净化率也会随颗粒物粒径的增大而增加。这些发现对于优化城市绿化设计和提高空气质量具有重要的指导意义。

道路绿化林带的带宽对颗粒物的净化率有着明显的影响。带宽较大的绿化林带能够提供更多的植被覆盖，这些植被通过叶片、树冠及根系等多种机制有效地捕捉和去除空气中的颗粒物。在绿化带的宽度增加时，植被与颗粒物的接触面积也随之增加，使空气中的颗粒物在通过绿化带时有更多的机会被截留和吸附。宽广的绿化林带能够形成更加连续的绿色屏障，进一步提高了对颗粒物的截留效率，从而显著提升了对PM1、PM2.5、PM10和TSP的净化能力。

研究表明，绿化林带的净化效果随着带宽的增加而增强。例如，当道路绿化

林带的宽度从 10 米增加到 30 米时，其对 PM2.5 和 PM10 的净化率会有显著提升。这是因为更宽的绿化带提供了更多的植被和更大的空气净化区域，使绿化带能够更有效地过滤和去除空气中的颗粒物。此外，较宽的绿化林带还可以有效降低空气流速，使颗粒物在经过绿化带时有更多时间被捕捉和沉降，从而进一步提高了净化效率。

研究发现，净化率随着颗粒物粒径的增大而提高。这是因为较大的颗粒物比小颗粒物更容易被植物的叶片和树冠截留。较大的颗粒物在空气中移动时，其动能较大，更容易被植被表面的物理结构所捕捉。相比之下，较小的颗粒物（如 PM1 和 PM2.5）往往具有较高的悬浮性，较难被截留和去除。因此，尽管绿化林带能够对各种粒径的颗粒物进行净化，但对较大的颗粒物通常会表现出更高的净化效率。

为了进一步提升道路绿化林带在颗粒物控制上的效果，可以采用一些优化策略。例如，可以选择具有较高颗粒物截留能力的植物品种，增强绿化带的净化效果。同时，通过合理配置植物种类和植被层次，提高绿化带的整体净化能力。例如，结合乔木、灌木和草地的植被配置，可以形成多层次的绿色屏障，增强对不同粒径颗粒物的截留能力。

## 第三节　城市森林与绿化带的综合效益评估

### 一、经济效益

城市森林与绿化带的综合效益评估是城市规划与管理中的重要环节。这些绿地不仅在环境保护方面发挥了关键作用，还对城市的经济、社会和文化层面产生了深远的影响。为了全面了解城市绿化的效益，需要从多个维度来评估城市森林与绿化带，尤其是经济效益，这是一个不容忽视的重要方面。

通过增设城市森林和绿化带，城市的整体形象得到了显著提升。这种形象的改善有助于吸引更多的游客和投资。优美的城市绿化环境能够吸引游客前来观光游览，从而推动旅游业的发展。游客的增加不仅直接带动了餐饮、住宿、交通等相关服务业的发展，还促进了地方经济的繁荣。城市绿化还能够提升城市的吸引力，吸引更多的企业和投资者进入城市，这将进一步推动城市经济的发展。

城市绿化衍生的户外休闲场所为居民提供了丰富的选择，直接提高了社区的居住质量。绿化带的建立不仅改善了居民的生活环境，还提供了良好的休闲和娱乐场所。人们可以在城市森林中进行散步、跑步、骑行等活动，这不仅有助于提高居民的生活质量，还增强了社区的凝聚力。良好的生活环境也使房地产的价值上升。优质的绿化环境成为房地产的一个重要卖点，提高了房产的吸引力和市场价值，进而带动了房地产市场的繁荣。

城市绿化还具有间接的经济效益。例如，良好的绿化环境可以削弱城市的热岛效应，降低空调和制冷需求，从而节省能源。这种节能效益在长期内可以显著降低城市的运营成本。此外，绿化带有助于减少城市内的噪声污染，提供更加宁静的生活环境，这对于提升城市居民的生活品质具有重要意义。降低噪声和改善空气质量还可以减少因环境污染引起的健康问题，减少医疗开支，进一步减轻城市管理的经济负担。

## 二、生态效益

在城市森林与绿化带的综合效益评估中，生态价值是一个至关重要的方面。城市绿化不仅对美化城市环境、提升居民生活质量具有重要作用，在生态系统中也有不可替代的功能。绿化带通过多种机制对生态环境产生了深远的影响，有效地支持了城市的可持续发展。

植物通过光合作用吸收二氧化碳，释放氧气，这一过程有助于降低温室气体的浓度，缓解全球变暖的压力。大量的绿化植被能够显著降低空气中的二氧化碳水平，从而减轻城市的碳足迹。此外，植物还能捕捉空气中的悬浮颗粒物和有害气体，如氮氧化物、硫化物等。这种自然的空气净化作用不仅改善了城市的空气质量，对居民的健康也产生了积极影响，减少了因空气污染引发的呼吸道疾病和心血管问题。

植被能够吸收和储存雨水，减少雨水径流的速度和量。这一过程有助于减轻城市排水系统的负担，防止城市内涝的发生。城市雨水花园、湿地和绿色屋顶等绿化措施都能有效地处理降水，减轻暴雨对城市的冲击。此外，绿化带通过增强土壤的渗透能力和蓄水能力，有助于提高地下水的补给，支持城市水资源的可持续管理。植被覆盖能够稳固土壤，减少雨水冲刷对土壤的侵蚀作用，防止土壤流失。特别在城市建设和开发过程中，绿化措施可以有效地保护裸露的土壤，维持土壤结构的稳定性。这种生态保护不仅防止了土壤的流失，还保护了城市的土地资源，维护了生态系统的健康。

城市绿地还为野生动物提供了重要的栖息地。城市森林和绿化带不仅是许多野生动物的栖息场所，还为它们提供了食物和繁殖的环境。这些绿地能够满足各种植物、昆虫、鸟类和小型哺乳动物的生存需要，增强城市的生物多样性。丰富的生物多样性不仅提升了城市生态系统的稳定性和韧性，还为居民提供了观察和欣赏自然的机会，增强了人们对自然环境的感知和保护意识。

## 三、社会效益

城市森林与绿化带的综合效益评估不仅需要关注经济和生态价值，还必须全面考虑社会因素的影响。城市绿化的社会效益涉及社区凝聚力、居民交流、生活质量提升及经济发展等多个方面，这些因素共同塑造了城市绿地对社会的深远影响。

绿地作为公共空间，为社区居民提供了互动和交流的平台。无论是公园、广场还是绿化带，这些公共场所都为居民提供了社交、休闲和娱乐的机会，增强了邻里之间的联系。定期的社区活动、庆典和市集常常在这些绿地上举行，这不仅活跃了社区氛围，还促进了不同背景和年龄层的居民之间的互动。绿地不仅美化了城市环境，还增强了社区成员的归属感和参与感，有助于营造和谐的社会关系。

城市绿地的建设对提高社区生活质量有着显著影响。绿色空间的存在为居民提供了舒适的户外环境，改善了生活条件。尤其在密集的城市区域，绿地能够为居民提供与自然接触的宝贵机会，有助于缓解城市生活给居民带来的压力和焦虑。绿地中的休闲设施，如步道、运动场和游乐场，为居民提供了可选择的健康的生活方式，促进了生理和心理健康。研究表明，接触自然环境可以降低压力水平，提高幸福感。因此，城市绿化不仅是城市美化的一部分，更是提升居民生活质量的关键因素。

城市绿地的建设还创造了就业机会，对当地经济的发展起到了推动作用。绿化项目的实施需要大量的人力资源，包括园艺师、景观设计师、工程师及维护和管理人员等。这些岗位不仅为人们提供了直接的就业机会，还带动了相关行业的发展，如建筑材料供应、园艺设备制造等。城市绿化还能吸引更多的游客和投资，带动旅游业、餐饮业和零售业的发展。这些经济活动不仅提高了当地居民的收入水平，也促进了城市经济的整体繁荣。

社会因素在城市绿化效益评估中的重要性还体现在对社会公平的考量。城市绿地的公平分配能够确保所有社区居民都能平等地享受绿化带来的好处。特别在社会经济条件较差的社区，绿地的建设可以弥补生态资源的不足，提高这些区域居民的生活质量。因此，在进行绿化项目时，需要关注各区域居民的需求，确保绿地资源的公平分配，从而实现社会的整体福利提升。

## 第四节　城市森林与绿化带的管理和维护

### 一、城市森林与绿化带的管理

#### （一）植被管理

城市森林与绿化带的管理涉及许多方面，其中植被管理是一个关键环节，关乎城市绿化的整体健康和功能实现。有效的植被管理不仅能维持绿地的美观，还能增强其生态、环境和社会效益。以下是对植被管理的几个主要方面的详细讨论。

适合本地气候、土壤和环境条件的植物种类能够更好地适应城市环境，降低养护难度和减少资源消耗。例如，选择耐旱植物可以降低水资源的需求；在污染严重的城市区域，选择耐污染植物能够提高绿地的生存能力。通过科学地选择植物，能够确保植被的长期稳定性和生态功能。

科学的种植设计包括合理的植物布局和配置，以确保绿地的功能性和美观性。合理配置植物不仅能提高景观效果，还能增强生态效益。例如，在城市森林中，可以通过层次分明的植物配置来形成多样的生态系统，支持各种动植物的栖息需求。植物的配置应考虑其生长习性、成熟状态及对环境的需求，以实现最佳的景观效果和生态功能。

植被的定期养护和管理对于维持绿地的健康至关重要。这包括对植物的修剪、施肥、病虫害防治等方面的管理。定期修剪能够促进植物健康生长，使其维持良好的形态和结构；适时施肥能够补充土壤中的营养，提高植物的生长速度和抵抗力；病虫害防治则能够保护植物免受有害生物的侵害，确保其正常生长。养护工作的科学性和系统性是确保植被健康和发挥绿地功能的关键。

健康的土壤是植物生长的基础，因此需要定期检测土壤的酸碱度、营养成分和水分含量等指标。根据土壤检测结果，采取必要的土壤改良措施，如添加有机肥料、调整土壤酸碱度等，以改善土壤结构和提高植物的生长条件。此外，控制土壤侵蚀和保持土壤湿润也是植被管理的重要内容，尤其在雨水流失较大的地区，需要采取措施减少土壤流失，保持土壤的肥力和稳定性。

合理的灌溉系统能够确保植物获得足够的水分，维持植物的健康生长。现代灌溉技术，如滴灌、喷灌等，能够提高水资源的利用效率，减少浪费。同时，应根据植物的生长阶段和天气条件调整灌溉频率和灌溉量，以满足不同植物的需求。雨水的收集和利用系统也是一种有效的水资源管理方式，通过收集和储存雨水，为植物提供额外的水源，从而减轻城市排水系统的负担。

随着气候变化和城市化进程的推进，环境条件可能发生变化，对植被的影响也会有所不同。植被管理应具有一定的灵活性，能够根据环境变化及时调整管理策略。比如，在面对极端气候条件时，可能需要对植物种类和配置进行调整，以适应新的环境条件。

### （二）水资源管理

城市森林与绿化带的水资源管理是维持植被健康和绿地功能的核心组成部分，涉及从水资源的供应、分配、监测到优化使用等多个方面。这一管理过程不仅关系着植被的生长和生态系统的稳定，还直接影响着城市的环境质量和居民的生活水平。以下是对城市森林与绿化带管理中水资源管理的详细分析。

城市森林和绿化带的植被需要充足的水分支持其正常生长，但城市环境往往受到水资源短缺的困扰，因此合理供应水分是至关重要的。应优先考虑利用可再生水源，如雨水、回用水等，减少对传统水源的依赖。雨水收集系统可以有效地将降雨量转化为可用水源，通过雨水储存池、渗透井等设施收集雨水，经过过滤和处理后用于绿地灌溉。

在城市森林和绿化带中，合理的水资源分配和使用是确保植被健康的重要保障。通过建立科学的灌溉系统，可以实现对植被的精准供水，避免水资源的浪费。滴灌系统能够将水分直接送到植物根部，减少水分蒸发和流失，提升灌溉效率；喷灌系统可以覆盖较大范围的绿地，适用于植物分布较广的情况。无论采用哪种灌溉方式，都应根据植物的生长需求、季节变化及气象条件进行动态调整，以确保水分的适时和适量供应。

城市绿地的水体，如人工湖泊、湿地等，可能受到城市污染源的影响，因此需要定期检测水质。水质检测包括对水体中的污染物、营养盐和其他有害物质的检测，确保水质符合生态要求。通过采用水质净化技术，如湿地植物过滤、活性炭吸附等，可以有效提高水体的自净能力，保持水体的健康状态。此外，针对不同污染源，应采取相应的控制措施，如减少化肥和农药的使用、加强污染源管理等，以防污染物的输入。

为了提高水资源的利用效率，智能技术在水资源管理中也发挥了重要作用。通过安装传感器和自动化控制系统，可以实时监测绿地的土壤湿度、水质状况等，获取精准的环境数据。这些数据可以用于调整灌溉系统的工作状态，实现智能化的水资源管理。通过数据分析，可以预测未来的水资源需求，优化灌溉计划，减少水资源的浪费。此外，利用大数据和人工智能技术，可以进行更精确的水资源管理和预测，为城市绿地的水资源配置提供科学依据。

在城市化进程中，绿地面积的减少和环境变化可能对水资源管理带来挑战。因此，需要在水资源管理中引入可持续发展理念，确保水资源的长期利用。应采取生态友好的管理措施，如建设绿色基础设施、恢复自然湿地等，以促进水资源的自然循环和再生。此外，通过公众教育和参与，可以提高市民对水资源的保护意识，共同维护水资源的可持续性。

在城市森林和绿化带的管理过程中，水资源管理不仅涉及技术手段和设施建设，还包括政策支持和管理机制的建立。政府应制定相关的水资源管理政策和标准，提供必要的资金支持和技术指导。同时，应建立完善的管理机制和监测体系，确保水资源管理工作的有效实施和监督。

## (三)生态监测评估

城市森林与绿化带的生态监测评估是确保其健康运行和持续发展的关键环节。这一过程涉及对生态系统各方面的全面观察、数据收集、分析和评估，以便及时发现问题并采取有效的管理措施。生态监测评估不仅关乎植被的生长状况，还包括空气质量、水质、土壤健康、生物多样性等多个方面的评估，下面对这些方面进行的详细分析。

通过定期测量植被的生长高度、覆盖度、叶片健康状况等，可以评估绿地的生态质量。现代技术，如遥感监测和无人机技术的应用，使植被监测更加高效和准确。遥感技术可以通过卫星或航空影像获取大范围的植被数据，分析植被的生长情况和变化趋势；无人机能够提供更高分辨率的影像，用于详细观察和评估特定区域的植被状态。这些数据可以帮助识别植被生长中的问题，如病虫害、干旱等，并及时干预，确保绿地的健康和稳定。

城市森林和绿化带在改善空气质量方面发挥着重要作用，因此需要对其空气净化效果进行监测。可以通过布置空气质量传感器，实时监测绿地内和周边地区的空气污染物浓度，如 PM2.5、PM10、$NO_2$、$SO_2$等。通过长期的数据积累和分析，能够评估绿地在不同季节、不同天气条件下对空气污染物的净化能力，并提出相应的改进措施。如果监测结果显示污染物浓度超标，则需要分析原因，可能涉及交通、工业排放等因素，并采取措施，如增加植被覆盖、改进绿地布局等，来提高空气质量。

城市绿地中的人工湖泊、湿地等水体可能受到污染，因此需要定期检测水体的水质，包括污染物含量、营养盐水平和生物指标等。通过水质传感器进行监测，可以实时获取水体的各项指标数据，及时发现水质问题。水质监测结果能够反映水体的生态状况，如果发现水质出现异常，如富营养化、污染物超标等，需要进行调查分析，找出污染源并采取治理措施。同时，针对不同的水体类型，可以采取不同的水处理技术，如植物过滤、活性炭吸附等，以保持水体的生态平衡和健康状态。

土壤是植物生长的基础，其健康状况直接影响着植被的生长和绿地的生态系统功能。通过土壤取样和分析，可以评估土壤的肥力、酸碱度、养分含量等指标。现代技术，如土壤传感器，可以实时监测土壤的湿度、温度和养分水平，为研究人员提供实时数据支持。土壤健康监测还可以识别土壤退化、污染等问题，及时采取土壤改良措施，如施用有机肥料、改良土壤结构等，以维持土壤的生产力和生态功能。

生物多样性监测是评估城市森林和绿化带生态系统健康的重要方面。通过对绿地中的动植物种类、数量和分布进行调查，可以了解生态系统的丰富程度和稳定性。生物多样性监测可以采用多种方法，如定期的生物调查、标本采集、物种识别等。现代技术，如生物传感器和环境 DNA 技术（eDNA），也可以用于监测生物多样性，为研究人员提供更加精准的数据。这些数据可以帮助识别物种的生存状况和栖息环境，发现潜在的生态问题，如物种灭绝、物种入侵等，并提出相应的保护措施。

除了上述方面，生态评估还需要关注城市森林和绿化带的综合生态效益。通过综合分析植被、生物、空气、水体、土壤等多个方面的数据，可以全面评估绿地的生态功能和对环境的影响。评估结果可以为城市绿地的规划、设计和管理提供科学依据，帮助决策者制定更加有效的管理策略和措施。

## 二、城市森林与绿化带的维护

### （一）常规检查与修剪

城市森林与绿化带的维护是确保其长期健康与美观的重要环节，其中常规检查与修剪是核心组成部分。常规检查的主要目的是提早发现问题，及时进行干预，防止潜在问题的发展。修剪是维护绿地外观和植物健康的重要手段，通过对植物进行适当的修剪，能够促进其健康生长，提升绿地的整体景观效果。

常规检查是保障城市森林与绿化带健康的前提。常规检查应包括对植物的生长状态、病虫害、环境条件等多个方面的全面观察。工作人员需要定期巡视绿地，检查植物的生长状况，包括树木的高度、冠幅、枝叶的颜色和形状等，发现生长异常时要详细记录并采取相应措施。此外，还需要检查植被是否受到病虫害的侵扰，病虫害可能会导致植物的叶片变黄、干枯甚至死亡。及时发现病虫害并进行处理，可以有效避免其扩散，从而保护其他健康植物。检查过程中还应关注植被周围的环境条件，如土壤的湿度、排水情况及是否存在污染源等，这些因素都可能影响植物的健康和生长。

修剪是常规维护中另一个重要的操作，通过适当的修剪可以改善植物的形态、促进植物的健康生长，同时增强绿地的美观性和功能性。修剪的目的是去除植物的枯枝、病枝和过密的枝条，从而提高植物的通风透光性，减少病虫害的发生。对于树木，修剪可以塑造其树冠的形状，使其更加均匀美观，同时促进树木的健康生长。对灌木和花卉的修剪有助于其保持良好的形态，促进花卉的开花和果实的成熟。在修剪时，还需要注意修剪的时间和方法，通常在植物的休眠期或生长的早期进行修剪最为合适，选择合适的工具，保证修剪植物时干净利落，避免对植物造成伤害。

在进行常规检查和修剪时，维护人员需要依据不同植物的生长特点和需求制定相应的维护方案。例如，对于常绿植物，修剪时要特别注意不要过度修剪，以免影响其年均绿色覆盖程度；而对于落叶植物，可以在秋冬季节进行修剪，以促进来年的健康生长。维护人员还应根据植物的年龄、品种及生长环境等因素来确定适宜的修剪强度和频率。

常规检查与修剪不仅需要专业的技术和经验，还应与现代科技手段相结合。利用数字化技术，如 GPS 定位系统和无人机巡检，可以提高检查的效率和精度。通过建立植物健康档案，记录每次检查和修剪的情况，可以实现对数据的长期跟踪与分析，为未来的维护工作提供参考依据。定期的数据分析可以帮助发现植物生长的趋势和问题，提前制定应对策略。

在实施常规检查与修剪的过程中，还应注意安全操作。维护人员在进行高空修剪时，需佩戴安全装备，如安全带和头盔，确保作业过程中的安全。此外，使用的工具和设备需要定期进行检查和维护，以确保其良好的工作状态，防止意外事故的发生。

## (二)病虫害防治

在城市森林与绿化带的维护中，病虫害防治是确保植被健康和生态系统稳定的重要环节。病虫害的出现不仅会影响植物的生长，还可能对城市环境造成广泛的负面影响。有效的病虫害防治策略应包括早期检测、综合防治和持续监控等方面，以确保植被的健康和绿地的生态功能。

早期发现病虫害能够及时采取措施，防止其扩散并对植被造成更大的伤害。早期检测可以通过定期巡检和使用现代科技手段进行。巡检应由经验丰富的园艺师或植物保护专家负责，他们能够通过观察植物的叶片、枝干、根部等部位及时发现病虫害的迹象。植物叶片上出现的异常斑点、枯黄或掉落，枝干上的蛀孔或黏液，以及根部的腐烂等都是可能的病虫害迹象。现代科技手段如红外成像、无人机监测等也可以辅助检测，这些技术能够更全面、准确地捕捉植物的健康信息，及时发现潜在的病虫害问题。

在发现病虫害后，应迅速实施综合防治策略。综合防治是指结合多种方法，从不同角度解决病虫害问题。物理防治措施包括清除病虫害的寄主、使用捕虫器和障碍物等，减少病虫害的源头。生物防治方法是利用天然敌害生物，如捕食性昆虫或寄生性昆虫，控制病虫害的数量。这些生物防治方法通常对环境友好，能够在不使用化学药品的情况下，有效控制病虫害。再者，化学防治是指使用杀虫剂和杀菌剂等药品控制病虫害的扩散。化学药品的使用需要遵循使用说明，避免对植物、环境和非目标生物造成负面影响。在选择化学药品时，需考虑其对环境的长期影响，优先选择低毒、低残留的产品。

健康的植物往往更能抵御病虫害的侵袭。合理的施肥和灌溉、适时的修剪，以及合理的种植密度都可以让植物更健康，提高其抵御病虫害的能力。例如，适量施肥能够增强植物的生长势，增强其自然免疫力；合理的灌溉可以防止土壤过湿或过干，避免病虫害的滋生；适时修剪有助于改善植物的通风透光条件，减少病菌和害虫的栖息环境。对于一些病虫害频发的区域，可以选择抗病虫害品种的植物，增强绿地的整体抗性。

定期监测植物的健康状况，记录病虫害的发生情况和防治效果，能够提供宝贵的数据支持。通过分析这些数据，可以识别病虫害发生的规律和趋势，优化防治策略。例如，记录不同季节和天气条件下病虫害的发生情况，可以帮助预测未来的病虫害风险，并采取相应的预防措施。持续监控还包括对防治措施效果的评估，确保所采取的措施能够有效控制病虫害，并根据评估结果进行调整和优化。

病虫害防治措施应尽量减少对环境的负面影响，例如，避免使用对非目标生物有害的化学药品，选择环境友好的防治方法。公众的参与也是病虫害防治的重要方面，通过提高公众的环保意识，鼓励他们积极反映病虫害问题，并参与绿地的管理和维护，可以共同促进城市森林与绿化带的健康发展。

### （三）清理与维护

在城市森林与绿化带的维护工作中，清理与维护是保证这些绿色空间正常发挥功能的关键环节。清理与维护工作不仅包括对植被的修剪和清理，还包括对设施的检查和修复，以及对环境卫生的维护。这一系列措施是确保城市绿化带健康、环境整洁、生态平衡和美观的重要步骤。

在植被的生长过程中，枯枝、落叶、杂草等物质会不断堆积，这些堆积物不仅影响绿地的美观，还可能对植物的生长产生负面影响。定期清理枯枝和落叶，能够减少病虫害的滋生，保持土壤的透气性，避免植被根系的腐烂。此外，杂草的生长会与绿地中的植物争夺水分和养分，因此，定期清除杂草可以确保绿地植物的健康生长。为了提高清理工作的效率，可以使用一些现代化的设备，如自动化清扫车和大型吸尘器，这些设备能够快速处理大量的落叶和杂草，减轻人工清理的负担。

修剪可以促进植物的健康生长，提高其观赏价值。定期修剪可以去除死枝、病枝和交叉枝，改善植被的通风透光条件，从而减少病虫害的发生。同时，合理修剪还能够塑造植物的美观形态，使其更好地融入城市景观。在修剪过程中，应遵循植物的生长特性，选择适当的修剪时间和方法，避免对植物造成过度损伤。

除了植被的清理和修剪，设施的检查和修复也是维护工作的重要部分。城市森林和绿化带中的各种设施，如座椅、栅栏、步道等，随着使用时间的增长和环境因素的影响，可能会出现损坏和老化现象。因此，定期检查和修复这些设施，能够确保其功能正常，保障居民的使用安全。例如，木质座椅可能会因天气变化而出现腐蚀和断裂，需要及时更换或修复；步道上的裂缝需要修补，以防行人被绊倒；栅栏上的漆层可能会脱落，需要重新涂漆以防生锈。通过定期的维护和修复，可以延长设施的使用寿命，提高绿地的整体品质。

城市绿地的卫生状况直接影响居民的生活质量和城市的整体形象。维护环境卫生需要定期清理垃圾、处理污水和防治异味。垃圾的清理工作应包括对绿地内垃圾桶的定期清空、对绿地周边垃圾的清理，以及对非法倾倒垃圾的处理。对于污水问题，可以通过设置排水系统，定期检查和疏通排水管道，防止水体污染和积水。异味问题则可以通过增加绿地内的清洁频次、合理设置垃圾处理设施等措施加以控制。

清理与维护工作的有效性还需要通过数据管理和技术支持来提高。通过形成详细的维护记录，包括清理和修剪的时间、范围、内容等，可以帮助管理人员更好地安排后续的维护工作。此外，利用技术手段如智能监控系统，可以实时监测绿地的状况，自动识别问题区域，提醒维护人员进行处理。这些技术手段不仅能够提高工作效率，还能增强维护工作的科学性和精准性。

# 第七章　森林防霾治污项目的实践

## 第一节　森林防霾治污项目规划与审批

### 一、森林防霾治污项目规划要点

#### （一）选址与植被选择

森林防霾治污项目的规划是一个复杂而细致的过程，涉及多方面的考虑和决策，其中选址和植被选择是其中的关键环节。选址是一个至关重要的环节，因为不同的地理位置和环境条件会直接影响项目的效果。选址时，需要综合考虑多个因素，如当地的气候条件、土壤性质、水资源状况、周边环境及现有的生态系统等。

不同的气候条件会影响植物的生长和存活率。比如，寒冷地区的植物需要耐寒性强，而热带地区的植物则需要耐高温和高湿度的特性。因此，需要选择那些气候条件适合所选植被生长的地区，以确保植物能够健康地生长并发挥其防霾治污的作用。

不同的植物对土壤的要求不同，有的植物需要富含有机质的土壤，而有的植物则适合在沙质土壤中生长。因此，在选址时，需要对土壤进行详细调查和分析，选择那些土壤性质适合所选植被生长的地点。同时，还需要考虑土壤的排水性和保水性，确保植物能够获得充足的水分而不会因为过度积水而死亡。

充足的水资源是植物生长的基础，因此在选址时需要选择那些水资源丰富的地区。同时，还需要考虑水资源的可持续性，确保项目在实施过程中不会对当地的水资源造成过度消耗和破坏。

除了上述的自然环境因素，选址时还需要考虑周边环境和现有的生态系统情况。比如，选址是否会对周边的居民生活造成影响，是否会对现有的生态系统造成破坏等。选择那些对周边环境和生态系统影响较小的地点，以确保项目能够顺利实施并长期发挥作用。

在选址确定之后，植被选择是另一个关键环节。植被选择需要根据选址的具体环境条件来确定，以确保植物能够适应当地的气候和土壤条件。一般来说，选择本地的、适应性强的植物是最为稳妥的做法。这些植物已经适应了当地气候和土壤条件，容易生长，并且能够有效地发挥防霾治污的作用。

在选择植被时，需要考虑植物的防霾治污效果。不同的植物在防霾治污方面的效果不同，有的植物能够有效地吸收和分解空气中的有害物质，而有的植物则在阻挡灰尘和净化空气方面具有较好的效果。因此，在选择植被时，需要根据具体的防霾治污需求，选择那些在防霾治污方面具有较好效果的植物。

除了防霾治污效果，植物的生长速度和维护成本也是选择植被时需要考虑的因素。生长速度快的植物可以在短时间内形成一定的绿化规模，而生长速度慢的植物则需要较长的时间才能发挥作用。同时，不同的植物在维护成本上也有差异，有的植物需要频繁修剪和管理，而有的植物则相对容易维护。因此，需要综合考虑植物的生长速度和维护成本，选择那些既能快速发挥防霾治污效果，又易于维护的植物。

在植被选择的过程中，还需要考虑植物的多样性。单一的植物种类容易受到病虫害的威胁，影响整体的防霾治污效果。而多样化的植被则可以形成一个稳定的生态系统，增强整体的抗病虫害能力。因此，需要选择多种的植物，以形成一个多样化的植被群落，增强项目的整体效果。

### (二)植被布局与密度

科学合理的植被布局和密度不仅能最大限度地发挥植物的防霾治污作用，还能优化生态系统，增强植被的整体健康和稳定性。在这一环节，需要综合考虑多种因素，包括植物的种类、生长习性、生态功能，以及项目地的地形地貌和环境特征。

在进行植被布局时，需要充分考虑植物的生态功能和生长习性。不同的植物具有不同的生态功能，有些植物擅长吸附和分解空气中的有害物质，如苯、甲醛等；有些植物则在阻挡灰尘、减少噪声方面效果显著。因此，在布局时，应将具有不同生态功能的植物合理搭配，形成一个多功能的生态系统。例如，可以在项目区的外围种植高大乔木，如松树、杉树等，这些树木能够形成天然的屏障，有效阻挡和吸附空气中的颗粒物；而在内部区域，可以种植一些低矮灌木和地被植物，如月季、薰衣草等，这些植物不仅能够吸收空气中的有害气体，还能美化环境，提升项目区的整体景观效果。

植被布局还需要考虑植物的生长习性和空间需求。不同的植物对生长空间和光照的需求不同，有些植物喜欢阳光充足的环境，如向日葵、玫瑰等；有些植物则适合在阴凉的环境中生长，如蕨类植物、常青藤等。因此，在布局时，需要合理安排植物的种植位置，确保每种植物都能获得适宜的生长环境。例如，可以将喜阳植物种植在阳光充足的区域，而将耐阴植物种植在树荫下或建筑物的背阴处，形成层次分明、错落有致的植被布局。

适宜的植被密度不仅能有效提升防霾治污效果，还能增强植被的整体健康水平和稳定性。一般来说，快速生长的植物可以适当增加种植密度，以尽快形成绿化效果；而生长较慢的植物则需要预留足够的生长空间，以免因过密种植而影响其生长发育。同时，需要合理安排不同植物之间的种植间距，以免因争夺光照、水分和养分导致植被生长不良。例如，高大乔木之间的种植间距可以适当大一些，以确保每棵树都能获得充足的阳光和空间；而低矮灌木和地被植物则可以适当密植，以形成一个紧凑的绿化层，有效覆盖地表，减少土壤侵蚀和水分蒸发。

除了植物种类和生长习性，地形地貌也是影响植被布局和密度的重要因素。不同的地形地貌对植物的生长环境有不同的要求，例如，山地、丘陵地区的土壤比较贫瘠，水分流失较快，因此在这些地区进行植被布局时，需要选择耐贫瘠、耐旱的植物，如松树、柏树等；而在平原、河谷地区，则可以选择一些耐水湿的植物，如柳树、芦苇等。此外，还需要根据地形特征进行合理的布局和密度调整，例如，在坡地上可以采用梯田式种植，以防水土流失；在河岸边可以种植一些耐水湿的植物，以起到固堤防洪的作用。

在进行植被布局和密度规划时，还需要考虑项目区的环境特征和人类活动对植被的影响。例如，在交通繁忙的道路两侧，可以种植一些耐污染、抗逆性强的植物，如紫藤、栾树等，这些植物不仅能够有效吸附和分解空气中的有害物质，还在被车辆尾气和道路扬尘污染的环境中生存。

## （三）生态系统维护

在森林防霾治污项目的规划中，对生态系统的维护是确保项目长期有效运行的重要环节。维护一个健康和稳定的生态系统，需要持续的关注和科学的管理。通过有效的生态系统维护，可以保证植被生长状况良好，增加生物多样性，增强防霾治污的效果，并确保整个项目区的生态平衡和环境质量。这个过程涉及多方面的内容，包括定期监测、病虫害防治、施肥和浇水、修剪和管理、土壤维护等。

通过定期监测，可以及时了解植被生长状况、土壤养分状况、水资源利用情况，以及病虫害情况等。定期监测的内容包括植物生长指标，如高度、冠幅、叶片数量和颜色等，以及土壤和水资源的化学指标，如 pH 值、养分含量、水分含量等。通过这些监测数据，可以及时发现问题并采取相应的措施，确保植被健康生长。例如，如果发现某些植物生长不良，应分析原因，如土壤是否缺乏某种养分、水分是否供应不足、是否受到病虫害侵袭等，并采取相应的补救措施。

病虫害不仅会影响植被的生长，还会破坏整个生态系统的平衡，降低防霾治污的效果。因此，及时发现和防治病虫害是非常重要的。在病虫害防治过程中，应尽量采用生物防治和物理防治的方法，减少化学农药的使用，以保护生态环境。例如，可以引入天敌昆虫来控制有害昆虫的数量，或者采用物理方法，如设立防虫网、使用黄板诱捕等，来减少病虫害的发生。同时，还可以通过优化植被结构，提高植被的抗病虫害能力，如选择抗病虫害能力强的植物种类，合理搭配不同种类的植物，增强生态系统的稳定性和抵抗力。

合理施肥可以提供植物所需的各种养分，促进其生长和发育。在施肥时，应根据土壤和植物的具体情况，选择适宜的肥料种类和施肥量，避免过量施肥造成环境污染和土壤退化。浇水则能保障植物生长所需的水分供应，尤其在干旱季节和初植阶段，充足的水分供应对植被的生长至关重要。在浇水时，应根据植物的需水量和土壤的保水性，合理安排浇水的频率和浇水量，避免过度浇水导致土壤板结和植物根系腐烂。

通过定期修剪，可以保持植物的形态美观，增加植被的通风透光性。同时，还可以通过修剪调整植物的生长方向和密度，优化植被布局。在修剪时，应根据不同植物的生长习性和修剪需求选择适宜的修剪方法和时机，避免过度修剪对植物生长产生负面影响。

健康的土壤是植物健康生长的基础，通过合理的土壤维护，可以改善土壤结构，增强土壤的肥力和保水性，促进植物根系的生长和发育。在土壤维护中，可以采用多种措施，例如，施用有机肥料，增加土壤有机质含量；进行土壤深翻，改善土壤通气性和排水性；种植绿肥作物，增加土壤氮元素的含量；采用覆盖物，减少土壤水分蒸发和侵蚀等。

生态系统的维护还需要考虑人类活动对生态系统的影响。在项目区内，应尽量减少人类活动的干扰，保护植被和土壤不受破坏。例如，可以设立保护区，限制人类进入和活动；建立生态保护设施，如围栏、护坡等，防止人类和动物对植被的破坏。同时，还可以通过生态教育和宣传，鼓励人们参与生态系统的维护和保护，共同促进项目区的生态环境改善。

## (四)污染物吸附与转化

植物在吸附和转化空气中的污染物方面具有独特的优势，通过科学的设计和合理的规划，可以最大限度地发挥植被的净化作用，有效减少空气中的有害物质，改善环境质量。植物的叶片、茎干和根系等部分都能够吸附和转化空气中的污染物。叶片表面具有大量的气孔和绒毛，这些结构使植物能够有效地捕捉空气中的颗粒物和气态污染物，如 PM2.5、二氧化硫、氮氧化物等。通过光合作用，植物可以将这些污染物转化为自身的营养物质，如糖类和氨基酸。此外，植物的根系通过吸收土壤中的有害物质，也能在一定程度上减少土壤污染，防止污染物的二次扩散。

在选择适合的植物种类时，需要综合考虑其吸附和转化污染物的能力。不同植物在吸附和转化污染物方面具有不同的特性，有些植物对某些特定的污染物具有较强的吸附和转化能力。例如，松树、杉树等针叶树种在吸附 PM2.5 方面具有较好的效果，而杨树、柳树等阔叶树种在吸附二氧化硫和氮氧化物方面表现突出。因此，在进行植被选择时，需要根据项目区的污染物种类和浓度，选择那些在吸附和转化目标污染物方面效果较好的植物种类。

合理的布局和密度可以增强植被的整体效能，提高其吸附和转化污染物的能力。可以将吸附能力强的植物种植在污染源附近，形成第一道防线，阻挡和吸附污染物；在污染源稍远处，则可以种植转化能力强的植物，进一步分解和转化空气中的有害物质。此外，还可以通过多层次、多种类的植被组合，形成一个立体的绿色屏障，增加植被的总表面积。

植物的健康状况直接影响其吸附和转化污染物的效果。因此，定期对植被进行维护和管理，保持其健康生长，是提升污染物吸附和转化能力的关键。在日常维护中，需要定期修剪、施肥和浇水，确保植物获得充足的养分和水分。同时，还需及时防治病虫害，减少其对植物的损害，保持植被的整体健康和稳定性。

可以采用多种技术手段，提升植被的污染物吸附和转化效果。例如，可以通过基因工程技术，培育出对特定污染物具有更强吸附和转化能力的植物种类；可以通过生态工程技术，设计出更为高效的植被布局和结构；还可以通过信息技术，建立智能监测和管理系统，实时监测植被的健康状况和污染物浓度，及时调整管理措施，确保植被健康。

## 二、森林防霾治污项目的审批

### (一) 环境影响评价

环境影响评价（environmental impact assessment，EIA）是指在决策之前，对拟建项目可能造成的环境影响进行全面、系统的调查、分析和评估，并提出预防或减缓不利环境影响的对策和措施的过程。通过环境影响评价，可以科学预测和评估项目实施对环境可能产生的各种影响，从而为决策提供科学依据，确保项目的环境友好性和可持续发展。

环境影响评价的初始阶段是开展详细的环境现状调查。这一步骤涉及对项目所在地的环境进行全面调查，包括空气质量、水质、土壤、植被、生物多样性、噪声、气候等多个方面。通过收集和分析现有的环境数据，可以了解项目区域的环境现状，为后续的影响预测和评价提供基础数据。例如，可以通过监测空气中的颗粒物、二氧化硫、氮氧化物等指标，了解空气污染的现状；通过采集水样，检测水体中的重金属、化学污染物等指标，了解水质情况；通过土壤采样分析，了解土壤中的有机质、养分、重金属含量等，评估土壤的健康状况。

在完成环境现状调查后，下一步是识别和预测项目实施可能对环境造成的影响。这一步骤需要结合项目的具体内容、规模、工艺流程等，分析项目实施过程中可能产生的各种污染物和废弃物，预测其对环境的潜在影响。例如，项目在建设阶段可能产生的粉尘、噪声、施工废水等，需要评估这些污染物对周边空气质量、水质和生态环境的影响；在运营阶段，项目的植被吸附和转化污染物的效果如何，能否有效降低空气中的有害物质浓度，这些都需要进行详细的预测和分析。

在识别和预测环境影响的基础上，需要进行详细的环境影响评估。这一步骤涉及定量和定性两个方面的评估，通过建立数学模型、进行模拟计算和专家评审等方法，对项目实施可能产生的环境影响进行全面评估。定量评估可以通过建立污染物扩散模型、生态系统模拟模型等，预测项目实施对环境各要素的具体影响，如污染物的扩散范围和浓度变化、生态系统的变化等；定性评估可以通过专家评审、公众参与等方法，评估项目实施带给环境的潜在风险和不确定性。

在环境影响评估的基础上，需要制定相应的环境保护措施和对策。这一步骤是环境影响评价的重要组成部分，旨在提出有效的措施和方案，预防或减轻项目实施对环境可能造成的不利影响。例如，可以通过优化项目设计和工艺流程，减少污染物的产生和排放；通过加强施工管理，减少施工过程对环境的扰动和破坏；通过植被恢复和生态修复，恢复和提升项目区域的生态功能；通过建立环境监测系统，实时监测和评估项目实施对环境的影响，及时采取应对措施等。

公众参与是环境影响评价的重要环节，可以通过听证会、座谈会、问卷调查等形式，广泛征求公众和利益相关者的意见和建议。在项目的环境影响评价过程中，应当尊重公众的知情权和参与权，及时公开相关信息，听取和采纳公众的合理意见和建议。例如，可以通过设立信息公开平台，公开项目的环境影响评价报告、环境保护措施和对策等相关信息，增强项目的透明度和公信力。

环境影响评价报告是环境影响评价的综合总结，包含环境现状调查、环境影响识别与预测、环境影响评估、环境保护措施与对策、公众参与情况等内容。环境影响评价报告应当全面、系统、科学、客观地反映项目实施对环境的潜在影响和相应的环境保护措施，为项目的决策和审批提供科学依据。例如，报告中应当详细说明项目的环境现状、预测的环境影响、拟采取的环境保护措施、公众参与和反馈情况等，确保决策者能够全面了解项目的环境影响和可行性。

在环境影响评价报告编制完成后，需要提交相关部门进行审查和审批。环境影响评价的审查和审批是确保项目环境友好性和可持续发展的关键环节。审查部门应当对环境影响评价报告进行全面审查，重点审查环境现状调查的真实性和完整性、环境影响识别和预测的科学性和合理性、环境影响评估的客观性和公正性、环境保护措施和对策的有效性和可行性等。通过审查和审批，可以确保项目的环境影响得到充分评估和有效控制，为项目的实施提供科学指导和政策保障。

在项目的设计、施工、运营等各个阶段，应当严格按照环境影响评价的要求，落实各项环境保护措施，确保项目实施过程中对环境的影响降到最低。例如，在项目的设计阶段，可以根据环境影响评价的结果，优化设计方案，减少对环境的扰动和破坏；在施工阶段，可以加强施工管理，严格控制污染物的产生和排放。

## (二)土地使用和规划

在森林防霾治污项目的审批过程中，土地使用和规划不仅涉及项目的实施和运营，还关系着项目对环境和生态系统的影响。合理的土地使用和规划能够确保项目的可持续性，优化资源配置，提高项目的防霾治污效果，同时保护生态环境，促进社会经济的协调发展。

项目的选址必须符合国家和地方的土地使用法规和政策要求，确保项目用地的合法性。在进行土地使用规划时，需要明确项目所需的土地类型，如森林用地、绿化用地、保护用地等，并确保这些用地类型符合相关法律法规的规定。此外，还需要考虑土地的用途是否与项目的目标和功能相符，避免因不合理的土地使用规划而导致浪费资源或破坏环境。例如，在选择项目用地时，可以优先考虑那些具有较高生态价值的土地，如自然保护区、湿地、山地等，避免对生态敏感区域造成干扰。

土地使用规划还需要综合考虑项目的规模、功能和环境影响。项目的规模应根据实际需求进行合理规划，避免因过度开发而导致土地资源浪费和环境压力。在进行功能规划时，需要明确项目的主要功能区域，如植树造林区、绿化带、生态恢复区等，并根据功能需求进行合理布局。例如，可以将防霾治污项目的植被种植区设立在污染源附近，以最大限度地发挥植被的防霾效果；将生态恢复区设立在生态环境受损的区域，通过恢复植被和改良土壤，恢复生态系统的功能和稳定性。

在进行项目规划时，需要充分考虑环境敏感区域，如水源保护区、湿地保护区、野生动物栖息地等，确保项目的实施不会对这些区域产生负面影响。通过对环境敏感区域的调查和评估，可以制定相应的保护措施，如设立保护带、限制开发活动、加强环境监测等，减少项目对敏感区域的影响。例如，可以在项目区域内设立生态保护区，对这些区域进行严格保护，禁止或限制对其进行开发和干扰；在项目规划中考虑设置缓冲带，以隔离项目活动和环境敏感区域，降低项目对敏感区域的影响。

在土地使用和规划过程中，还需要注重土地资源的优化配置和高效利用。通过合理规划和管理，可以提高土地的利用效率，最大限度地发挥土地资源的效益。在进行土地资源优化配置时，需要综合考虑土地的地理位置、地形地貌、土壤条件、气候条件等因素，选择适宜的土地进行开发和利用。例如，可以选择土壤肥沃、气候适宜的土地进行植被种植，以提高植物的生长效果；可以选择交通便利、接近污染源的土地进行项目建设，以提高防霾治污的效果。

土地使用和规划还需要考虑项目的社会经济效益。通过合理的土地使用和规划，可以促进地方经济的发展，提升社会效益。例如，通过植树造林和绿化活动，可以创造就业机会，带动相关产业的发展；通过生态恢复和环境改善，可以提升区域的环境质量和居民的生活质量。在进行土地使用和规划时，需要充分考虑项目的社会和经济效益，确保项目的实施能够带来社会和经济双重效益。例如，可以在项目区内建设生态旅游区，吸引游客，带动地方经济的发展；可以通过项目建设改善区域基础设施，提升居民的生活条件和幸福感。

通过运用现代技术手段，如地理信息系统、遥感技术、环境模拟模型等，可以对土地资源进行科学评估和规划设计。技术评估和规划设计可以帮助识别和解决土地使用中的问题，如土地利用冲突、环境影响等，提供科学依据和决策支持。例如，通过地理信息系统可以对土地资源进行空间分析和优化配置；通过环境模拟模型可以预测项目对环境的影响，制定合理的规划方案。

## (三)资金筹措与预算

资金筹措与预算是确保项目顺利实施和取得预期效果的关键因素。资金筹措与预算涉及项目的资金来源、预算编制、资金管理、费用控制等方面，直接关系着项目的实施进度、质量和可持续性。科学合理的资金筹措与预算管理可以有效地支持项目的各项工作，确保资源的优化配置和使用效率，提高项目的整体效益。

资金筹措涉及项目资金的来源和融资方式，确保项目有足够的资金支持各项工作。资金筹措可以通过多种渠道进行，包括政府资助、企业投资、社会捐赠、银行贷款等。政府资助是主要的资金来源之一，特别是对于公共性强、社会效益大的项目，政府通常会提供专项资金或补贴。企业投资是另一重要资金来源，企业通过参与项目投资，不仅可以获得经济回报，还能履行社会责任，提升企业形象。社会捐赠则主要来源于个人或组织的善款，特别在社会关注度高的项目中，社会捐赠能够提供重要的资金支持。银行贷款则适用于项目需要较大资金投入且具备一定还款能力的情况，通过贷款可以解决项目的资金短缺问题。

在资金筹措过程中，需要制订详细的资金筹措计划，明确各类资金来源的具体数额、融资条件、时间安排等，确保资金的筹措能够按时到位。例如，可以制订资金筹措计划书，详细列出各类资金来源的预期金额、筹措渠道、融资方式、融资期限等，确保项目资金的稳定性和可靠性。同时，需要建立资金筹措的协调机制，确保各类资金的顺利到位和有效使用。

预算编制需要根据项目的具体内容、规模、工期等，制定科学合理的预算方案，确保项目资金的有效分配和使用。预算编制的过程包括成本估算、预算分配、资金使用计划等。成本估算是预算编制的基础，通过对项目各项工作的成本进行详细估算，包括人员费用、材料费用、施工费用、设备费用、管理费用等，确定项目的总预算。预算分配则是将总预算分配到各个项目阶段和工作项中，确保资金的合理使用。例如，可以根据项目的实施阶段，将预算分配到前期准备阶段、施工阶段、运营阶段等，确保每个阶段都有足够的资金支持。资金使用计划则需要列出详细的资金使用安排，明确各项费用的支出计划和时间节点，确保资金的按时到位和使用效率。

资金管理涉及资金的流入流出、账户管理、资金使用记录等方面。在项目实施过程中，需要建立健全的资金管理制度，明确资金使用的审批程序、支出标准、报销流程等，确保资金使用的规范性和透明性。例如，可以设立专门的财务管理部门，负责项目资金的日常管理和监督；建立资金使用审批制度，确保每项费用的支出经过严格的审批程序；制定资金使用报告制度，定期编制资金使用报告，向相关部门和投资方汇报资金使用情况。此外，还需要加强对项目资金的监督和审计，确保资金使用的合规性和合理性。

费用控制旨在避免资金浪费和超支，通过科学的控制措施，确保项目费用在预算范围内。费用控制的过程包括费用监控、预算调整、风险管理等。例如，可以通过财务管理软件对项目费用进行实时监控，生成费用分析报告，及时发现异常支出。预算调整是在项目实施过程中，根据实际情况对预算进行合理调整，确保资金的有效使用。例如，在项目实施过程中，如果出现了预算超支的情况，可以通过调整预算分配方案，重新分配资金，确保项目能够顺利进行。风险管理是对项目可能面临的财务风险进行评估和控制，制定相应的应对措施，降低财务风险的影响。例如，可以建立风险预警机制，定期评估项目的财务风险，制定风险应对预案，确保项目资金的安全和稳定。

在项目实施过程中，各类资金来源和使用方之间需要保持密切沟通与协调，确保资金的顺利流动和有效使用。例如，可以定期召开资金协调会议，汇报项目资金的使用情况，听取各方意见和建议；建立信息共享机制，及时向相关方提供项目资金的最新动态和使用情况。此外，还需要加强与政府部门、投资方、银行等各类资金提供方的沟通，确保项目资金的支持和配合。

## 第二节　项目实施中的问题与对策

### 一、森林防霾治污项目实施中的问题

#### (一)资金不足

在森林防霾治污项目的实施过程中，资金不足是一个普遍且严峻的问题。资金不足不仅影响项目的启动和推进，还可能导致项目中断或无法达到预期效果。

在实施森林防霾治污项目时，充足的资金是进行科学规划和设计的基础。如果资金不足，可能会迫使项目管理者在规划和设计阶段做出妥协，从而降低项目的科学性和系统性。例如，项目可能无法按照最佳方案进行植被选择和布局，或者无法进行全面的环境影响评估，这将直接影响项目的效果和长期效益。为了节省成本，项目可能选择低成本、效果不佳的技术和材料，导致最终实施的效果大打折扣。

森林防霾治污项目的施工阶段需要大量的资金支持，包括购买植被苗木、土壤改良剂、灌溉设备等。例如，低质量的植被苗木可能无法适应当地的气候和土壤条件，影响其生长和防霾效果；不充分的土壤改良可能导致植被的生长受到限制，影响项目的总体效果。施工质量的下降不仅影响项目的短期效果，还可能导致长期的生态问题，影响生态系统的健康和稳定。

森林防霾治污项目通常需要长期运营和维护，包括定期的植被管理、病虫害防治、灌溉施肥等。例如，缺乏定期修剪和施肥可能导致植被的生长不良，影响其吸附和转化污染物的能力；缺乏病虫害防治可能导致植被受到病虫害的侵袭，影响其健康和稳定性。长期维护不足不仅影响项目的短期效果，还可能对生态系统造成长期的负面影响。

森林防霾治污项目不仅要进行具体的植被种植和环境管理，还要进行广泛的公众宣传和教育，以获得社会对项目的支持和参与。例如，缺乏宣传和教育活动可能导致公众对项目的认知不足，影响其参与和支持；缺乏公众支持可能导致项目的实施受阻，影响项目的顺利推进。例如，缺乏专业的环境监测人员和设备可能导致项目实施过程中的环境影响难以被有效监控和评估；缺乏项目管理系统可能导致项目进度和质量难以控制和评估。项目管理和监督的困难不仅影响项目的实施效果，还可能导致项目的资金使用不透明，增加财务风险和管理风险。

## (二)技术难题

植被选择和配置是实施森林防霾治污项目中的一项技术难题。不同地区的气候、土壤条件和污染特征各异，这要求选择和配置适宜的植被以最大化其防霾治污效果。然而，现有的植物资源和技术手段可能无法完全满足这些需求。例如，水源稀缺可能限制植物的选择和种植密度；在污染严重的工业区，土壤和空气中的污染物可能对植被的生长造成影响。因此，需要进行深入的研究和试验，以筛选出适合不同环境条件的植物品种，并开发适应性强的栽培技术和管理措施。例如，通过植物生理学研究，确定哪些植物具有较强的污染物吸附能力和耐污染能力；通过土壤改良技术，改善土壤质量，为植被生长提供适宜的环境。

在实施森林防霾治污项目时，需要实时监测空气和土壤中的污染物浓度，以评估项目的效果和调整管理措施。然而，现有的监测技术和设备可能存在精度不足、响应时间长、成本高等问题。高效、精准的污染物监测技术尚未完全成熟，这限制了管理人员对污染情况的全面了解和及时应对。例如，空气中的微小颗粒物（如 PM2.5）难以准确监测，需要开发更高灵敏度和更高分辨率的监测仪器；土壤中的重金属污染检测需要更高的检测精度和更快的分析速度。为了克服这些技术难题，需要持续进行技术研发和创新，推动监测技术的进步，提高监测设备的性能和性价比。

森林防霾治污项目的核心目标是减少空气和土壤中的污染物。然而，现有的污染物治理技术可能无法完全满足治理目标，或者在不同环境条件下效果不尽如人意。例如，传统的空气净化技术在处理高浓度污染物时效果有限，可能需要结合新型的纳米材料或催化剂技术来提高治理效率；土壤中的污染物处理可能需要采用生物修复、化学修复或物理修复等多种技术手段进行综合治理。为了提高治理效果，需要探索新型的污染物处理技术，结合多种技术手段进行综合治理，提升整体治理效果和可持续性。

在实际实施中，项目的管理和运营涉及技术培训、设备维护、数据管理等多个方面。然而，现有的技术支持和培训体系可能不足以满足实际需求。例如，技术人员的培训不足可能导致操作不规范，影响设备的使用效率和项目的效果；设备的维护和保养不足可能导致技术故障，影响治理效果。因此，需要建立健全的技术支持和培训体系，提供必要的技术培训和设备维护支持，确保项目的顺利实施和运营。

### (三) 土地利用冲突

土地利用冲突是一个复杂而关键的问题。这一问题的产生源于土地资源的有限性与多重需求之间的矛盾，涉及森林保护与城市发展、农业生产、基础设施建设等方面的利益冲突。有效解决土地利用冲突，不仅有助于实现森林防霾治污项目的目标，还能促进资源的合理配置和可持续发展。

土地利用冲突主要体现在森林保护与其他土地利用需求之间的矛盾上。随着城市化进程的加快，城市扩展和基础设施建设对土地的需求不断增加，往往需要占用原本的森林用地。城市发展、工业建设和基础设施项目，如住宅区、商业区、道路和桥梁等，可能需要大量的土地，这与森林保护的目标相悖。例如，在一些城市扩展的过程中，为了腾出更多的土地用于建设，可能需要砍伐周边的森林，这不仅减少了森林面积，也削弱了森林在防霾和空气净化方面的功能。类似地，农业生产也常常对森林资源造成压力，特别在需要开垦新耕地的地区，森林被砍伐以提供农业用地，进一步加剧了森林资源和土地利用需求的冲突。

土地利用的冲突还体现在地方政府和部门之间的利益博弈上。不同的地方政府和部门在土地利用上的需求和利益可能存在较大差异。例如，有的地方政府为了推动经济发展，可能倾向于支持工业和基础设施建设，而忽视了环境保护和森林恢复的需求。这种利益的冲突和博弈可能导致政策在实施过程中出现困难，影响森林防霾治污政策的顺利推进。地方政府由于面临着经济增长和环境保护的双重压力，常常需要在两者之间进行权衡和妥协，导致政策的实施效果受到影响。

社会公众对森林资源的保护和环境质量的提高具有较高的重视度，当政策实施过程中出现森林被砍伐或土地被改变用途的情况，可能引起公众的强烈反对。例如，当森林被用于商业开发或城市扩展时，公众可能会对环境质量下降和生态破坏表示担忧，组织抗议活动，要求停止破坏性开发。这种公众反对不仅影响项目的实施，还可能导致冲突，影响政策的长期效果和社会支持度。

## 二、森林防霾治污项目实施问题的对策

### (一) 多元化资金筹措

多元化资金筹措是解决资金不足问题的有效对策。资金筹措的多元化不仅可以拓宽资金来源，还能提高项目的资金保障能力。通过多渠道筹措资金还可以，分散风险，从而支持森林防霾治污项目的顺利实施。例如，国家和地方政府可以

设立环境保护专项基金，用于资助森林植被的恢复、污染治理技术的研发、监测系统的建设等方面的工作。政府资助不仅可以提供稳定的资金支持，还能发挥引导和激励作用，吸引其他资金来源的参与。为了提高政府资助的效率和效益，需要制订科学的资助计划，明确资助标准和申请流程，确保资金的透明和公正使用。

对那些涉及环境保护的企业而言，通过投资相关项目，可以获得政府的政策支持和税收优惠，同时能在公众中树立良好的企业形象。企业投资可以采取直接投资、合作开发、设立公益基金等形式。例如，企业可以与政府和科研机构合作，共同开展森林防霾治污技术的研究和应用；也可以通过设立企业公益基金，资助森林保护和生态修复项目。在吸引企业投资的过程中，需要制定明确的投资政策，提供配套的支持措施，确保企业的投资意愿能落实。

社会捐赠可以通过个人、团体、基金会等形式，为森林防霾治污项目提供资金支持。特别在社会公众对环境保护有较高关注度的情况下，社会捐赠能够发挥重要作用。例如，可以通过组织募捐活动、设立环保公益基金、开展社会宣传活动等方式，吸引公众和组织的捐赠支持。为了提高社会捐赠的效果，项目实施方需要加强对社会捐赠的宣传和动员，建立透明的捐赠管理机制，定期向捐赠者报告项目进展和资金使用情况，增强公众对项目的信任和支持。

银行贷款是解决资金不足问题的一种常见方式。特别是在项目需要较大资金投入且具备一定还款能力的情况下，银行贷款可以提供必要的资金支持。通过贷款，项目可以获得相对较大的资金规模，并在规定的期限内偿还。银行贷款可以采取短期贷款、中期贷款、长期贷款等多种形式，根据项目的实际需求和还款能力选择合适的贷款方案。在申请银行贷款时，需要制订详细的贷款计划和还款方案，确保项目能够按时还款，维护良好的信用记录。同时，需要加强与银行的沟通，了解贷款的相关政策和要求，确保贷款申请顺利通过。

近年来，绿色金融、社会责任投资、环境保护债券等金融工具逐渐得到推广和应用。这些金融工具不仅可以提供资金支持，还能促进资金的有效配置和使用。例如，绿色金融通过对环保项目的投资，促进绿色经济的发展；社会责任投资通过对具有社会效益的项目进行投资，实现经济收益和社会效益的双赢；环境保护债券则通过发行债券，为环保项目提供长期稳定的资金支持。在应用这些金融工具时，需要加强对金融市场和投资机制的了解，选择适合项目需求的金融产品和服务。

为了实现多元化资金筹措的目标，需要建立健全的资金管理和监督机制。资金管理和监督不仅涉及资金的筹措和使用，还包括资金的分配、监控、报告等方面。通过建立规范的资金管理制度，确保资金的透明和有效使用。例如，可以设立专门的资金管理机构，负责资金的日常管理和监督；制订详细的资金使用计划和预算，确保资金的合理分配和使用。资金管理和监督机制的建立，有助于提高资金的使用效率，确保资金的安全和透明。

## (二)与科研机构合作进行技术研究与开发

与科研机构合作进行技术研究与开发是解决技术难题的关键对策。这种合作不仅可以带来前沿技术和科学知识，还能推动技术创新，提高项目的整体效果和可持续性。通过与科研机构的合作，可以在植被选择与配置、污染物监测与治理、项目管理等方面取得突破，确保森林防霾治污项目的有效实施。

科研机构拥有丰富的科学资源和专业知识，可以为森林防霾治污项目提供先进的技术支持和研究成果。科研机构通常具备专业的研究团队和实验设备，能够进行深入的科学研究和技术开发。例如，在植被选择与配置方面，科研机构可以通过植物生理学研究、生态学研究等，筛选出适合不同环境条件的植物品种，开发出高效的植被配置方案。这些研究成果不仅能提高植被的防霾效果，还能增强其在恶劣环境条件下的适应能力。此外，科研机构还可以进行土壤改良、灌溉技术等方面的研究，优化植被生长环境，提高项目的整体效果。

污染物监测与治理是森林防霾治污项目中的核心环节，技术研究和开发在这一领域尤为重要。科研机构可以开发新型的监测技术和设备，提高对空气和土壤中污染物的检测精度和响应速度。例如，可以研发高灵敏度的气体传感器和微型化的监测设备，用于实时监测空气中的PM2.5、$NO_x$、$SO_2$等污染物；可以开发新型的土壤检测技术，用于检测土壤中的重金属和有机污染物。这些技术的进步不仅能够提高污染物监测的效率，还能为污染治理提供精准的数据支持。在污染物治理方面，科研机构可以开发新型的治理技术，如生物修复技术、化学处理技术、物理吸附技术等，针对不同类型的污染物进行有效处理，提高治理效果。

科研机构可以通过研究和开发新的项目管理方法和工具，提高项目的管理效率和运营效果。例如，可以开发基于大数据和人工智能的项目管理系统，用于实时监控项目进展、分析数据、预测风险等；可以研发新的管理模型和评估指标，用于优化项目的实施方案和资源配置。这些技术的应用不仅能够提高项目的管理水平，还能增强项目的灵活性和应对能力，从而确保项目目标的实现。

为了实现与科研机构的有效合作，需要建立紧密的合作机制和明确的合作目标。可以通过签订合作协议或合同，明确双方的职责、任务和权益，确保合作顺利进行。在合作协议中，应详细列出合作内容、研究方向、技术要求、资金投入、成果共享等方面的条款，确保双方的利益得到合理保障。可以建立定期的沟通和协调机制，确保科研机构与项目团队之间的信息畅通和协调合作。例如，可以定期召开技术研讨会、项目进展会议等，交流研究成果和项目进展，及时解决合作过程中出现的问题和挑战。此外，还可以设立联合研究中心或实验室，为科研机构和项目团队提供共同的研究平台和资源支持，促进技术研究和开发的深度合作。

技术研究和开发的最终目标是将研究成果应用到实际项目中，提高项目的效果和效率。因此，在合作过程中，需要加强技术成果的转化和应用工作。例如，可以通过技术转让、技术授权、技术合作等方式，将科研机构的研究成果引入项目实施；可以通过技术培训和技术支持，帮助项目团队掌握和应用新技术，提升项目的技术水平和管理能力。此外，还可以通过建立技术示范点和试验基地，验证和推广技术成果，促进技术的广泛应用和推广。

### （三）根据土地实际情况调整项目规划

根据土地实际情况调整项目规划是一项至关重要的措施。这一措施旨在确保项目规划与实际土地条件相适应，提高项目的可行性和效果，从而更好地实现森林防霾治污的目标。根据土地实际情况调整项目规划不仅有助于优化资源配置，还能减少潜在的环境影响，提升项目的整体效益。

了解土地的实际情况是调整项目规划的基础。土地的实际情况包括土壤类型、地形地貌、气候条件、水文特征、现有植被和土地利用现状等。这些因素对项目的实施和效果有着重要影响。例如，不同土壤类型的肥力和排水能力不同，这会影响植被的选择；不同的地形地貌会影响工程的施工难度和植被生长；气候条件则决定了植物的适应性和生长周期。通过对土地实际情况的详细调查和分析，可以为项目规划提供科学依据，确保项目设计符合实际需求和条件。

在了解土地实际情况的基础上，需要对项目规划进行相应的调整。项目规划的调整包括植被选择与配置、工程设计、资源利用等方面。例如，在土壤贫瘠或水源不足的地区，可以选择耐旱、适应性强的植物品种，以提高植被的存活率；在地形复杂或坡度较大的地区，可以调整工程设计，减少对土地的干扰和破坏，采取梯田式的植树方式，以降低水土流失的风险。此外，还要根据当地的气候条件调整植被的种植时间和管理措施，确保植被能够适应当地的气候变化，保持良好的生长状态。

项目规划需要综合考虑土地的现有利用状况，如农业生产、城市建设、工业用地等。通过优化土地利用，可以有效减少项目实施对现有土地利用的干扰。例如，在进行植被恢复和森林保护时，可以优先选择那些未被开发或具有较低利用价值的土地；在城市绿地规划中，可以通过结合城市建设需求和环境保护要求，合理规划城市绿地和公共空间，提高城市的绿化覆盖率和空气质量。

需要特别关注土地的环境保护要求，确保项目的实施不会对土地生态系统产生负面影响。例如，在保护区或生态敏感区进行项目规划时，需要严格遵循环境保护法规和标准，避免对生态环境造成破坏；在污染源附近进行植被恢复时，需要考虑污染物的扩散和积累情况，选择具有较强污染物吸附能力的植物品种，以提高治理效果。通过对土地环境保护要求的考虑和调整，可以有效减少项目对环境的影响，实现生态效益和社会效益的双赢。

随着项目的推进和实际情况的变化，可能需要对项目规划进行动态调整。例如，在实施过程中发现某些植物品种的生长不如预期，可能需要调整植被配置方案；在工程施工中遇到新的环境问题时，可能需要修改工程设计和施工方案。通过动态调整项目规划，可以及时应对实际情况的变化，确保项目的顺利实施和目标的实现。

# 第八章　森林防霾治污的效益

## 第一节　森林防霾治污的生态效益

### 一、调节气候

森林防霾治污项目的实施对生态环境产生了显著的调节气候效益。森林通过吸收二氧化碳、释放氧气、调节水循环、减轻城市热岛效应等途径，对气候系统产生积极影响，不仅有助于改善局部气候条件，还对全球气候变化的缓解具有重要意义。

森林吸收大气中的二氧化碳，并将其转化为有机物储存在植物体内和土壤中。这一过程有效降低了大气中的二氧化碳浓度，从而缓解了温室效应。温室气体二氧化碳是导致全球气候变暖的主要因素之一，森林的碳吸收能力在减缓气候变化方面发挥了关键作用。研究表明，全球森林每年吸收的二氧化碳量相当于人类每年化石燃料燃烧排放总量的四分之一。因此，通过森林防霾治污项目，增加森林面积和植被覆盖率，可以有效提高碳汇能力，减少温室气体排放，对减缓全球气候变暖起到积极作用。

森林通过蒸腾作用调节水循环，对局部和区域气候具有显著影响。蒸腾作用是指植物通过叶片蒸腾水分，将水分释放到大气中，形成水蒸气的过程。这个过程不仅提高了空气的湿度，还促进了降水的形成。森林的存在可以显著提高当地的降水量，改善水资源状况。此外，森林通过水循环的调节，能够减轻洪涝灾害和旱灾对生态环境的影响，稳定区域气候。例如，在山区森林地区，森林植被能够通过根系稳固土壤，减少水土流失和泥石流的发生，涵养水源。因此，森林防霾治污项目通过增加森林面积和植被覆盖，可以有效改善水循环系统，调节局部和区域气候。

森林还通过释放氧气、净化空气，对大气环境产生积极影响。森林每天释放大量的氧气，供给人类和其他生物呼吸使用。研究表明，一公顷森林每天可以释放约1.2吨氧气，足够18个人一年呼吸使用。此外，森林还能吸收和过滤空气中的污染物，如二氧化硫、氮氧化物、颗粒物等，有效净化空气。例如，树木的叶片和树皮可以吸附和滞留空气中的颗粒物，降低其在空气中的浓度；树木的根系可以吸收土壤中的重金属和有毒物质，降低土壤污染的风险。因此，通过增加森林和植被覆盖，可以有效净化空气，改善大气环境，为人类和生态系统的健康提供良好的条件。

森林植被通过增加地表的粗糙度，能够减缓风速，减少风蚀和沙尘暴的发生。例如，在沙漠和半干旱地区，森林的存在可以通过减缓风速，减少沙尘扬起和传播，改善空气质量和气候条件。此外，森林还可以通过形成风屏障，保护农田和居住区，减轻风灾的影响。因此，增加森林和植被覆盖，可以有效调节风速，减少风蚀和沙尘暴的发生，改善气候环境。

## 二、维护生物多样性

生物多样性是指地球上的不同物种及其基因、生态系统的多样性，是维持生态平衡、支持人类生存和发展的基础。增加森林面积和植被覆盖，不仅有助于减少污染、改善环境，还能为各种动植物提供栖息地，维护生态系统的功能和稳定。

不同的森林类型，如热带雨林、温带阔叶林、针叶林等，拥有独特的生态环境，支持着各种生物的生存和繁衍。例如，热带雨林以其高温、高湿的环境，孕育了无数的植物、昆虫、鸟类和哺乳动物；温带阔叶林提供了多样的生境，鹿、狐狸、松鼠等多种动物在此生存。恢复和保护森林生态系统，可以为动植物提供稳定的栖息地，维护其生存环境，防止物种灭绝。

植被的多样性不仅指植物种类的多样性，还包括植物结构的多样性、植物群落的多样性等。例如，一片健康的森林通常由乔木、灌木、草本植物等不同层次的植被组成，这些不同层次的植被为不同的动物提供了多样的食物和庇护所。增加和恢复多样化的植被，可以为不同的动物提供丰富的食物来源和栖息地，有助于增加生物多样性。

森林通过复杂的食物链和生态网络，维持生态系统的稳定和功能。森林中的生物通过捕食、寄生、竞争等关系，形成了复杂的生态网络。例如，森林中的昆虫通过传粉、分解有机物等方式，促进植物的生长和循环；鸟类通过捕食昆虫，调节昆虫的数量；哺乳动物通过捕食其他动物或植物，参与食物链的循环和能量流动。恢复和保护这些生态网络，可以维持生态系统的功能和稳定，确保生态系统能够持续提供生态服务。

森林在维护基因多样性方面也发挥着重要作用。基因多样性是指生物体内不同基因的变异和组合，是生物适应环境变化、抵御疾病和维持种群健康的基础。例如，森林中的植物通过基因变异，能够适应不同的环境条件，如气候变化、土壤贫瘠等；动物通过基因变异，能够应对疾病、捕食者等生存压力。保护和恢复森林生态系统，可以维护基因多样性，增强生物对环境变化的适应能力，确保种群的长期生存和繁衍。

森林还通过调节气候、水循环等生态功能，间接地维护生物多样性。例如，森林通过吸收二氧化碳、释放氧气，调节气候变化，提供稳定的气候条件；通过蒸腾作用、涵养水源，调节水循环，为生态系统提供充足的水资源。这些生态功能为生物多样性提供了良好的生存环境，支持着各种生物的生存和发展。

外来物种入侵是指外来物种进入新的生态系统，并通过竞争、捕食等方式，对本地生物和生态系统造成威胁。森林通过维持健康的生态系统，增强生态系统的抵御能力，防止外来物种的入侵。例如，健康的森林生态系统拥有复杂的生态网络和多样的生物种群，能够通过竞争和捕食等方式，限制外来物种的扩散和生长。恢复和保护健康的森林生态系统，可以增强生态系统的抵御能力，防止外来物种的入侵，维护本地的生物多样性。

生物多样性为人类提供了丰富的资源和生态服务，如食物、药物、纤维、燃料等。例如，森林中的植物和动物为人类提供了丰富的食物来源，如水果、坚果、野生动物等；许多药物，如阿司匹林、青蒿素等，都是从森林中的植物中提取的；森林中的木材和纤维为人类提供了建筑材料和纸张等生活必需品的原材料。此外，森林通过提供生态旅游、文化景观等服务，为人类提供美好的生活环境和精神享受。

## 三、增强生态系统的韧性

生态系统的韧性是指生态系统在面对外部干扰和压力时，维持其结构和功能的能力。提高生态系统的稳定性和适应能力，增强其应对自然灾害、气候变化和人类活动等多种挑战的能力，从而促进生态系统的健康和可持续发展。

森林通过提供多样的生态位和生境，增强了生态系统的韧性。多样的生态位和生境为不同物种提供了适宜的栖息地和资源，使生态系统能够支持更多的物种和更复杂的生态网络。例如，森林中的乔木、灌木和草本植物形成了多层次的植被结构，为不同的动植物提供了丰富的食物和庇护场所。这样的多样性不仅增加了生态系统的生物多样性，还提高了其应对环境变化的能力。例如，在极端气候事件（如干旱、洪水和暴风）发生时，多样的植物群落可以通过不同的生态位和生境，缓解灾害的影响，维持生态系统的稳定性。

健康的土壤是生态系统韧性的基础，它不仅能支持植物的生长，还能调节水循环和养分循环。森林通过其根系和落叶层，增加有机质的含量，促进微生物的活动，从而提高土壤的保水和养分供应能力。例如，森林的根系可以穿透土壤层，增加土壤的孔隙度，改善排水和通气条件；落叶层可以通过分解过程，增加土壤的有机质含量，提高土壤肥力和微生物活性。健康的土壤不仅能够支持植物的生长和多样性，还提高了生态系统在面对干旱、侵蚀和污染等压力时的恢复能力。

通过植被的蒸腾作用和森林地表的水分截留，森林可以调节区域的水循环，提高水资源的可利用性。例如，森林的根系可以通过吸收和储存雨水，减少地表径流和土壤侵蚀；森林的叶片和树冠可以截留降水，增加土壤湿度和地下水补给。这样的水循环调节能力，不仅提高了生态系统在干旱和洪水等极端气候事件中的抵御能力，还确保了水资源的持续供应，支持生物多样性和生态系统功能的维持。

森林通过吸收和储存碳，提高了生态系统应对气候变化的韧性。气候变化是当前全球面临的重大挑战之一，森林作为重要的碳汇，能够通过光合作用吸收大气中的二氧化碳，降低温室气体的浓度，缓解气候变暖的趋势。例如，森林中的乔木可以通过其生长过程，储存大量的碳元素，形成稳定的碳库；森林的土壤和枯落物层也可以通过有机质的分解和积累，储存碳元素，减少碳的释放，提高生态系统的碳储存能力，减少气候变化对生态系统的影响，提高生态系统的适应能力。

## 四、保护水资源

水资源是维持生态系统健康和人类社会可持续发展的关键要素，可以有效调节水循环、涵养水源、减少水土流失、改善水质，从而保护和可持续利用水资源。

森林通过其复杂的生态系统和多样的植被结构，有效调节水循环。水循环是指水在大气、陆地和海洋之间的循环过程，森林在其中扮演了重要角色。森林的树冠层和植被层可以截留降水，使其逐渐渗透到土壤中，补充地下水和河流流量。树木的根系深入土壤，可以吸收并储存大量水分，防止暴雨引发的洪涝灾害。例如，热带雨林由于其高密度的植被覆盖，能够截留和储存大量的降水，维持区域的水资源平衡；温带森林通过其复杂的植被结构，调节季节性降水和融雪，保障水源的稳定供应。

涵养水源是指通过植被和土壤的综合作用，增强水资源的储存和供应能力。森林的根系和枯落物层可以通过增加土壤的孔隙度和有机质含量，提升土壤的保水能力。例如，森林土壤中的有机质可以吸附并储存水分，减少水分的蒸发和流失；森林的枯落物层可以通过覆盖土壤，减少水分的蒸发，提高土壤湿度。此外，森林的根系可以通过吸收和传输水分，维持土壤和植物之间的水分平衡，保障水资源的持续供应。

森林通过减少水土流失，保护水资源。水土流失包括土壤表层的侵蚀及水的损失，对生态系统和农业生产造成严重影响。森林的植被和根系可以通过增加地表的覆盖度和稳定性。例如，森林的树冠层可以通过截留降水，减缓其冲刷土壤的速度；森林的根系可以通过稳固土壤，防止土壤的流失和侵蚀。特别在山区和坡地，森林的存在可以显著减少水土流失，保护土壤和水资源。例如，我国西南地区的植被恢复项目，通过增加森林覆盖，减少了坡地的水土流失，改善了区域的水资源状况。

森林通过其植被和土壤的过滤作用，可以有效改善水质。例如，森林的根系和枯落物层可以通过吸附和分解水中的污染物，减轻其对水体的影响；森林的土壤可以通过过滤和吸收降水中的杂质，改善地下水和河流的水质。特别是在流域上游，森林的存在可以通过净化水源，保障下游水体的水质。例如，亚马逊雨林通过其庞大的植被和土壤系统，净化了流域中的水源，保障了下游居民的饮用水安全。

森林在调节区域的水资源分布方面也发挥着重要作用。水资源分布是指水资源在空间和时间上的分布格局，直接影响生态系统和人类的用水需求。森林通过其复杂的生态系统和水循环调节能力，可以平衡区域的水资源分布。例如，森林通过涵养水源和减少地表径流，可以增加地下水的补给；森林通过蒸腾作用和降水截留，可以调节季节性和地域性的水资源分布，保障不同地区和时段的用水需求。

## 第二节　森林防霾治污的经济效益

### 一、碳交易收益

碳交易是指通过市场机制将温室气体的排放权进行交易，以实现全球减排目标。森林可以吸收和储存大量的二氧化碳，从而产生碳汇，参与碳交易市场，获得经济收益。这不仅有助于缓解气候变化，还能为地区经济发展提供资金支持。

森林将大气中的二氧化碳转化为有机物质，储存在植物体内和土壤中。例如，一公顷热带雨林每年可以吸收约 30 吨二氧化碳，而一公顷温带森林可以吸收约 10 吨二氧化碳。这些被吸收的二氧化碳，通过树木的生长和土壤的积累，形成了稳定的碳储存库。

碳交易市场通过设定碳排放配额和碳价格，激励各国和企业减少碳排放，购买碳信用，以达到减排目标。例如，欧盟碳排放交易体系（EU ETS）是全球最大的碳交易市场之一，通过设定严格的碳排放配额，鼓励企业购买和交易碳信用，实现减排目标。此外，还有清洁发展机制（CDM）、联合履约机制（JI）等国际碳交易机制，为发展中国家和发达国家之间的碳交易提供了平台。森林防霾治污项目产生的碳汇可以在碳交易市场上进行交易，获得碳交易收益。

森林防霾治污项目的碳交易收益可以为地区经济发展提供重要的资金支持。这些资金可以用于森林的维护和管理，提高森林的碳吸收和储存能力，形成良性循环。例如，通过碳交易获得的资金，可以用于购买和种植更多的树木，增加森林覆盖面积；可以用于建设和维护森林基础设施，如防火、防虫等设施，保障森林的健康和稳定；可以用于开展科学研究和技术开发，提高森林碳汇的监测和管理水平。此外，这些资金还可以用于改善当地居民的生活条件，提供就业机会，促进区域经济的发展。例如，通过碳交易获得的收益可以用于建设学校、医院、道路等基础设施；可以用于发展生态旅游、绿色农业等产业，提供更多的就业和收入机会，促进经济的可持续发展。

碳交易收益还可以促进可持续发展和生态保护。通过碳交易获得的资金可以用于开展环境教育和宣传，提高公众的环保意识和参与度，形成良好的生态文化氛围；可以用于支持地方政府和社区的可持续发展计划，如绿色能源、节能减排等项目，减少碳排放，保护环境。例如，碳交易可以用于建设太阳能、风能等可再生能源项目，减少对化石燃料的依赖，降低碳排放；可以用于推广节能建筑、绿色交通等技术，保护环境。

碳交易还可以促进国际合作和技术交流。例如，通过碳交易市场的发展，各国和企业可以在碳减排和碳汇管理方面开展合作，分享经验和技术，提高全球的减排效率；通过碳交易的资金流动，可以促进技术转移和创新，提高发展中国家的减排能力和技术水平；通过碳交易的市场机制，可以建立公平和透明的碳定价体系，激励各国和企业积极参与全球减排，共同应对气候变化。例如，通过碳交易市场，发达国家和发展中国家可以在清洁能源、低碳技术等领域开展合作，促进技术转移和创新；通过碳交易市场的资金流动，可以支持发展中国家的减排项目和技术开发，提高其碳减排能力；通过碳交易市场的定价机制，可以反映碳排放的真实成本，激励各国和企业采取有效的减排措施，实现全球的减排目标。

## 二、促进旅游业的发展

通过改善环境质量、丰富自然景观、提升区域生态吸引力，森林不仅能够吸引大量游客，还能推动相关产业的发展，创造就业机会，增加地方财政收入。

森林防霾治污项目可以显著改善区域的环境质量，促进旅游产业的发展。森林能够有效净化空气、吸收污染物、调节气候，从而创造一个清新宜人的生态环境。例如，森林通过光合作用吸收二氧化碳，释放氧气，减少空气中的有害物质。良好的空气质量不仅对游客的健康有益，还能增强旅游目的地的吸引力。许多游客选择到森林覆盖率高的地区旅游，享受清新的空气和自然的环境，例如，我国的长白山和九寨沟就是因为其优美的自然环境和清新的空气吸引了大量游客。

森林防霾治污项目通过丰富的自然景观，提升游客的旅游体验。森林中的多样化植被和生态系统具有丰富的自然景观和生物多样性，为游客提供了较好的观赏体验。例如，森林在不同季节能够呈现不同的景观，如春季的繁花似锦，夏季的绿树成荫，秋季的层林尽染，冬季的银装素裹。此外，森林中还栖息着各种野生动物和鸟类，游客可以通过徒步、观鸟、野营等活动，近距离接触自然，体验野外探险的乐趣。例如，亚马逊热带雨林、加拿大的班夫国家公园等地，因其丰富的自然景观和野生动物资源，吸引了全球各地的游客前来观光和探险。

生态旅游是一种以自然环境和生态系统为基础，强调环境保护和可持续发展的旅游形式。例如，森林中的徒步旅行道、自行车道、露营地等设施，可以为生态旅游提供良好的条件和体验；森林的多样性和独特性，可以为生态旅游提供丰富的内容和主题，如生态教育、自然观察、环保志愿活动等。例如，哥斯达黎加的蒙特韦尔德云雾森林，因其独特的生态系统和丰富的生物多样性，成为全球著名的生态旅游胜地，每年吸引大量游客前来探访和学习。

森林防霾治污项目还能带动相关产业的发展，创造更多的就业机会。例如，旅游业的发展需要大量的服务设施和配套产业，如酒店、餐饮、交通、购物等，通过森林防霾治污项目的实施，可以带动相关产业的发展，增加就业机会，促进区域经济的繁荣。例如，一个新的旅游景区的开发，不仅需要建设景区内的基础设施，如道路、游客中心、停车场等，还需要建设景区周边的服务设施，如酒店、餐馆、商店等，这些设施的建设和运营，可以为当地居民提供大量的就业机会，增加收入，提高生活水平。此外，旅游业的发展还可以带动区域内的农业、手工业、文化产业等多种产业的发展，形成多元化的经济结构。例如，当地农产品可以通过旅游渠道销售，增加农民的收入；当地的手工艺品和文化产品可以通过旅游市场推广，增加文化产业的价值和影响力。

旅游业作为第三产业的重要组成部分，通过游客的消费，可以带动地方经济的发展。例如，游客在旅游过程中，住宿、餐饮、交通、购物等方面的消费，可以直接转化为地方的税收和收入；旅游业的发展还可以带动地方基础设施和公共服务的改善，增加地方的投资和就业，提高地方的经济发展水平。例如，一个旅游景区的开发，可以吸引大量的游客和投资，带动地方的经济和社会发展，提高地方的竞争力和吸引力。此外，旅游业的发展还可以增加地方的品牌价值和知名度，吸引更多的游客和投资，促进地方经济的可持续发展。

森林防霾治污项目还可以促进文化旅游的发展，提升区域的文化价值和影响力。文化旅游是以文化资源和文化活动为基础，结合自然景观和生态环境，提供多样化和特色化的旅游体验。例如，森林中的历史遗迹、传统文化、民俗活动等，可以为文化旅游提供丰富的内容和主题，吸引文化旅游爱好者。再如，欧洲的许多古老森林中保留着大量的历史遗迹和文化遗产，如古城堡、教堂、修道院等，这些文化资源与森林景观相结合，形成了独特的文化旅游景区，吸引了大量游客前来参观和体验。此外，森林中的传统文化和民俗活动，如森林节、采集节等，也可以为文化旅游提供丰富的体验和参与机会，提高游客的兴趣和满意度。例如，日本的森林浴文化，结合传统的温泉疗法，形成了独特的健康旅游项目，吸引了大量的国内外游客前去体验和学习。

## 三、减少灾害损失

森林能够有效降低自然灾害的发生频率和强度，降低灾害对社会经济的影响，从而减少与灾害相关的损失。这不仅有助于保障人民的生命财产安全，还能促进区域的可持续发展，提高社会的韧性和稳定性。

森林通过其独特的生态功能，可以有效防止和减轻洪水灾害。洪水是由暴雨、融雪等引发的水体泛滥，会对人类社会造成严重的破坏。森林通过其植被和土壤结构，可以显著减少地表径流和增加水分渗透，从而减轻洪水的威胁。例如，森林的树冠层和枯落物层可以截留降水，减缓降水对地表的冲刷；森林的根系可以增加土壤的孔隙度和保水能力，提高土壤的渗透性。森林能够有效调节水循环，降低洪水的发生频率和强度。

森林可以显著减少泥石流和山体滑坡等地质灾害的发生风险。泥石流和山体滑坡是由于暴雨、地震等因素引发的土石流动，容易对山区和丘陵地区造成严重的威胁。森林通过其植被和根系，可以稳固土壤，增加地表的稳定性，从而减少泥石流和山体滑坡的发生。例如，林木的根可以深入土壤，形成网状结构，牢固地固定土壤颗粒；森林植被可以通过覆盖地表，减少土壤的裸露和侵蚀，提高地表的稳定性。森林能够有效防止土壤的流失和滑动，减少泥石流和山体滑坡的风险。例如，瑞士的研究表明，森林覆盖率高的山区，其泥石流和山体滑坡的发生率明显低于森林覆盖率低的地区。

森林在减少风沙灾害方面也具有显著的效果。风沙灾害是由于强风吹扬地表的沙尘，对农业、交通、建筑等造成严重影响。森林的根系可以通过固定土壤颗粒，减少地表的松散和流动。森林能够有效防止风沙的扩散和侵害，保护农业、交通和建筑等基础设施。例如，我国的研究表明，沙漠边缘的防护林带可以显著减少风沙的侵袭，保护农田和牧场，提高农业生产的稳定性。增加防护林带和植被覆盖，可以有效保障农业生产和基础设施的安全。

森林还可以显著减轻干旱灾害的影响。干旱是由于长期降水不足导致的水资源短缺，对农业、工业和生活用水造成了严重影响。森林通过其植被和生态功能，可以有效调节水循环，增加水资源的储存和利用，从而减轻干旱的影响。例如，森林的根系可以通过吸收和储存水分，增加地下水的补给；森林植被可以通过减少蒸发和径流，增加土壤的湿度和水分储存。森林能够有效缓解干旱，保障水资源的供应和利用。例如，澳大利亚的研究表明，森林覆盖率高的地区，其地下水位和土壤湿度显著高于森林覆盖率低的地区，干旱的影响明显减轻。

## 第三节　森林防霾治污的社会效益

### 一、增强社会凝聚力

通过推动社区共同参与环境保护和生态恢复，森林项目不仅改善了环境质量，还促进了社会成员之间的交流与合作，增强了社区的集体意识和归属感，提高了社会的整体凝聚力。

森林防霾治污项目为社区提供了一个共同的目标和使命，使社区成员能够在这一共同目标的引领下，团结一致，共同努力。无论是种植树木、维护森林，还是宣传环保意识，这些活动都需要社区成员的共同参与和协作。通过共同参与这些活动，社区成员可以增进彼此之间的了解和信任，形成一种共同的价值观和目标感，从而增强社区的凝聚力。例如，在许多社区，居民会自发组织起来，开展植树造林活动，大家一起劳动，一起分享劳动成果，不仅美化了环境，还增进了邻里之间的感情，增强了社区的凝聚力。

森林防霾治污项目通过环境教育和宣传，提高了社区成员的环保意识和责任感。通过环保教育活动，如讲座、培训、宣传册等，社区成员可以了解森林的重要性和环境保护的意义，增强保护环境的责任感和自觉性。这种共同的环保意识和责任感，可以形成一种强大的社会力量，推动社区成员共同努力，保护和改善环境。例如，在一些社区，学校和社区会联合开展环保教育活动，教孩子们如何种树、保护森林，不仅提高了孩子们的环保意识，还带动了整个家庭的环保行动。

森林防霾治污项目还通过提供丰富的社区活动和参与机会，增强社区的活力和凝聚力。通过组织各种形式的社区活动，如植树节、环保义工、生态旅游等，社区成员可以积极参与森林保护和生态恢复的行动中来。这些活动不仅提供了一个交流和互动的平台，还增强了社区成员的参与感和归属感。此外，一些社区还会组织生态旅游活动，带领居民参观森林保护区，了解森林生态系统的重要性，这不仅丰富了居民的生活，还增强了他们的环保意识和责任感。

## 二、促进社会公平

森林防霾治污项目在促进社会公平方面具有深远的社会影响。这些项目通过改善环境质量、提供公平的资源分配、增强社会包容性等方式，提升区域内所有居民的生活条件，促进社会的整体公平与和谐。

森林防霾治污项目通过改善环境质量，直接惠及所有居民，特别是弱势群体。社会中较低收入群体往往生活环境较差。森林防霾治污项目通过增加绿化面积、改善空气质量，能够有效降低这些区域的污染水平，改善居民的生活条件。

例如，城市中的绿地和森林公园能够吸附空气中的有害物质，降低城市热岛效应，提升空气质量，这对于居住环境较差的居民尤为重要。通过实施森林防霾治污项目，能够减轻低收入群体面临的环境压力，改善他们的健康状况，从而缩小社会的环境差距，促进社会公平。

森林防霾治污项目通过资源的公平分配，促进社会公平。涉及的资源包括资金、技术、设施和服务等。确保这些资源的公平分配，能够有效促进社会公平。例如，在项目规划和实施过程中，需要关注不同地区和社区的需求和条件，确保资源和服务能够惠及所有社区，特别是那些资源匮乏和经济较弱的地区。通过公平分配资源，能够有效缩小地区间的发展差异，提升弱势群体的生活质量，促进社会的公平与和谐。例如，一些森林防霾治污项目会特别关注贫困地区，通过提供技术支持和资金资助，帮助这些地区进行植树造林和环境改善，确保所有社区都能享受生态改善带来的好处。

在实施森林防霾治污项目时，往往需要广泛动员社区的参与，促进不同社会群体之间的互动与合作。通过开展环境教育、社区活动和志愿服务，能够提升不同群体的参与感和归属感。例如，森林项目通过组织植树活动、环保讲座等，鼓励所有社区成员参与其中，不论其社会背景和经济状况。这种参与和合作，不仅能增进不同群体之间的理解和信任，还能促进社会的包容性和公平性。此外，在项目实施过程中还应关注社会的多样性，尊重不同群体的文化和需求，确保项目的设计和实施能够符合不同群体的利益和期望，从而促进社会的公平与和谐。

森林防霾治污项目还可以提升公共服务的可及性和质量。公共服务的提升包括环境卫生、医疗保健、教育培训等方面的提升。例如，森林项目可以通过改善环境质量，降低空气污染，提高居民的健康水平，减少与环境污染相关的疾病和医疗费用。此外，森林防霾治污项目还可以通过环境教育和培训，提高居民的环保意识和技能，帮助他们更好地应对和适应环境变化。通过提升公共服务的可及性和质量，能够缩小社会不平等，实现社会的公平与和谐。

## 三、提升城市形象和吸引力

森林防霾治污项目通过改善城市环境质量和增加绿化面积，为城市提供了更优质的生活空间，还提升了城市的整体形象，增强了对居民和游客的吸引力，促进了城市的可持续发展和经济繁荣。

森林防霾治污项目通过改善空气质量和提升城市环境，为城市塑造了更为积极和健康的形象。城市的空气质量直接影响居民的生活质量和健康状况。高水平的空气污染不仅对居民的身体健康造成威胁，还影响城市的整体形象。增加城市中的绿地和森林面积，可以显著降低空气中的污染物浓度。这种环境改善不仅能提升居民的生活质量，还能塑造城市健康、清新的形象。例如，在许多城市，绿化项目和空气质量改善措施能够有效减少雾霾和污染，使城市天际线更加清晰，城市环境更加宜居。这种积极的环境形象不仅提升了城市的吸引力，还增强了居民的自豪感和归属感。

森林防霾治污项目通过增加城市绿地和公园的面积，提高了城市的美观度和舒适度。城市中的绿地和公园不仅能提供休闲和娱乐的场所，还能改善城市的视觉景观。植被丰富的城市区域通常更加宜人，能够吸引更多的游客和居民前来参观和居住。例如，城市公园和绿地的存在可以为居民提供散步、运动、社交等活动场所，提高生活质量，同时吸引游客来访，带动旅游业的发展。通过增加森林覆盖率和提升城市绿地面积，城市能够呈现更具美感和吸引力的面貌，从而提升城市整体形象，增加城市的吸引力。

森林防霾治污项目还可通过提升城市的生态功能和可持续性，增强城市的吸引力。城市的可持续性和生态功能是现代城市发展的重要目标之一。森林和绿地在提供生态服务方面发挥着重要作用，如调节城市气候、减轻热岛效应、提高水资源的利用效率等。城市能够有效增强生态功能，提高可持续发展水平。例如，城市森林可以帮助调节气温，为居民提供更舒适的生活环境。此外，森林和绿地的存在还能有效管理城市雨水，减少内涝和洪水的风险，提高城市的防灾能力。提升城市的生态功能和可持续性不仅能够改善生活环境，还能够吸引关注环境保护和可持续发展的居民和游客，增强城市的整体吸引力。

一个环境优美、生态环境良好的城市通常更具吸引力，能够吸引更多投资和商业发展的机会。企业和投资者往往倾向于选择那些环境条件良好的城市进行投资和发展，因为良好的环境质量能够提高员工的工作满意度和生活质量，从而提升企业的整体效益。例如，许多大型企业和跨国公司在选择办公地点时，会优先考虑城市的环境质量和绿化水平。城市提升自身的环境优势，能够吸引更多的投资和商业机会，促进经济发展和繁荣。此外，良好的城市环境还能提升房地产市场的价值，吸引更多的购房者和租客，推动房地产市场的发展。

## 第四节　提升社会公众意识

### 一、提高公众的环保意识

森林防霾治污项目的开展不仅是环境治理的技术性措施，更是社会教育的重要平台。环境保护的理念和行动得以广泛传播，从而深刻影响公众的环保意识和行为。

森林防霾治污项目通过组织各种宣传和教育活动，有效地提高了公众的环保意识。项目通常会设计一系列有针对性的宣传活动，包括但不限于讲座、工作坊、社区活动和校园教育等。这些活动不仅向公众普及了有关空气污染和森林生态系统的基本知识，还讲解了如何通过参与植树造林和绿化维护等具体行动来改善环境。通过这些活动，公众能够直观地了解环境问题的严重性，以及森林对空气质量的改善作用，从而增强对环境保护的关注和认识。

森林防霾治污项目往往会得到各类媒体的广泛报道，包括报纸、电视、广播和互联网等。媒体的报道不仅宣传了项目的目标和进展，还展示了项目的实际成效和参与者的感受。这些报道通过生动的案例和数据展示，使公众对环保问题有了更深刻的认识，也激发了他们参与环保行动的热情。

除了宣传和媒体，实际参与项目也极大地促进了公众环保意识的提升。社区居民被鼓励积极参与植树、绿化和维护活动。这些活动让居民亲身参与到环境保护的过程中，不仅能看到自己努力的成果，还能感受到改善环境带来的实际效益。例如，当居民看到自己种植的树木逐渐长大，并对周围的空气质量产生积极影响时，他们会更深刻地认识到环境保护的重要性，并自发形成保护环境的意识。

森林防霾治污项目通过教育活动和实际行动，培养了公众的环境保护行动力。在项目实施过程中，参与者不仅是接受信息，还会通过实际的绿色行动，如植树、清理污染物、参与环境监测等，亲自体验环保行动的直接效果。这种实践体验不仅提升了公众的环保知识水平，还促使他们将环保理念转化为日常生活中的具体行动。例如，参与者可能会在项目结束后更加注重节能减排、垃圾分类和减少使用一次性产品等绿色生活方式，从而形成长期的环保习惯。

## 二、促进社区参与和社会互动

森林防霾治污项目的开展对促进社区参与和社会互动具有深远的影响。这类项目不仅关注环境改善本身，更注重通过实际行动和参与，推动社区成员之间的互动和协作，增强社会的凝聚力和共同体意识。

森林防霾治污项目通常会组织各种社区活动，如植树造林、绿化维护、环境清理等。这些活动不仅是环保行动，更是社区成员共同参与和协作的机会。通过参与这些活动，居民能够亲身感受到环境保护的成果，并体验到团队合作带来的成就感。比如，在植树活动中，社区成员不仅要种植树木，还需要共同完成土壤准备、树苗运输等多个步骤。这种合作过程使居民在共同努力中建立了联系，增强了彼此之间的了解和信任。

项目的组织者通常会在社区中招募志愿者，邀请居民积极参与保护环境活动的志愿者服务不仅为项目提供了人力资源，也为居民提供了参与环保活动的机会。志愿者们在参与过程中，不仅能够提升自己的环保知识和技能，还能结识志同道合的朋友，增强社会网络和社区归属感。志愿者活动往往还带有一定的社交性质，通过活动中的交流和互动，居民能够增进彼此的情感交流，形成更加紧密的社区联系。

除了直接参与活动，项目还通过各种形式的社区互动来促进社会联系。例如，项目组织者可以举办社区讲座、座谈会和环保展览等活动，邀请专家和公众分享环保知识和经验。这些活动为社区成员提供了交流和讨论的平台，使他们能够更深入地了解环境问题和制定解决方案，并在互动中激发对环境保护的兴趣和热情。通过这种知识和经验的分享，居民能够更好地理解环保的意义，并将其融入日常生活。

森林防霾治污项目还通过推动社区组织和团体的参与，进一步增强了社会互动。例如，项目可能与学校、企业、非政府组织等合作，组织联合活动。这种跨组织的合作不仅扩大了项目的影响力，也促进了不同社会群体之间的交流和合作。学校的参与可以通过环保课程和活动将环保意识传播给学生及其家庭，企业的参与可以通过企业社会责任活动展示其对环保的支持，非政府组织的参与则可以提供专业的环保知识和资源支持。这种多方参与的方式，有助于建立一个更大的社会网络，共同推动环境保护事业的发展。

# 参考文献

[1] 许争．常见的大气污染成因分析——以河南省焦作市为例［J］．广东化工，2024，51（5）：116-118.

[2] 闫家鹏．大气污染的成因、影响因素及防治措施探讨［J］．黑龙江环境通报，2023，36（5）：102-104.

[3] 杨金刚．大气污染原因和环境监测治理技术探讨［J］．环境与发展，2020，32（6）：167-169.

[4] 杨立彦，尚会建，王亮，等．工业大气固体颗粒物的来源及防治［C］//中国化学会．中国化学会第27届学术年会第02分会场摘要集．石家庄：河北科技大学化工系，2010：1.

[5] 齐晓辉，段晨斐．机动车尾气污染与防治措施分析［J］．黑龙江环境通报，2024，37（5）：96-98.

[6] 黄爱柳．麻江县细颗粒物（PM2.5）污染状况及防治措施［J］．黑龙江环境通报，2024，37（4）：13-15.

[7] 冯亚龙，王玮．石家庄市冬防期细颗粒物污染特征及源解析［J］．河北工业科技，2023，40（5）：397-406.

[8] 李晓红．森林绿化植物防治空气颗粒物污染的途径研究［J］．环境科学与管理，2023，48（5）：81-85.

[9] 陈艳，胡玉玲．城市区域大气颗粒物解析与污染防治策略［J］．清洗世界，2023，39（3）：140-142.

[10] 蔡梦凡．城市绿化植物阻滞颗粒物的淋洗输出过程研究［D］．北京：北京林业大学，2017.

[11] 王会霞．基于润湿性的植物叶面截留降水和降尘的机制研究［D］．西安：西安建筑科技大学，2012.

[12] 庞倩．城市森林植被滞尘效应［D］．西安：西北大学，2020.

[13] 王林，朱龙，肖宇，等．我国林业资源与林业种植技术的应用分析［J］．农村科学实验，2024（1）：93-95.

[14] 朱永庄．林业种植技术及其应用中存在的问题分析［J］．中国林副特产，2023（5）：88-90.

[15] 徐冬梅．植树造林技术及维护管理［J］．农家参谋，2021（11）：179-180.

[16] 刘静．强化森林资源管理维护森林生态平衡［J］．农村科学实验，2019（8）：72，75.

[17] 李冠增．保护地森林健康评价指标体系构建及应用［D］．武汉：华中农业大学，2022.

[18] 万泽敏．新时代我国森林城市群建设现状及对策［J］．林业科技情报，2024，56（2）：204-206.

[19] 季文霞，刘晓盟．城市绿化规划创新策略——可持续城市森林和绿地的设计［J］．新城建科技，2024，33（3）：80-82.

[20] 韩立亮，文侠，季柳洋，等．省级森林城市建设总体规划浅析——以河北省东光县为例［J］．森林防火，2023，41（3）：120-124.